DER REGENWALD

Eine Hommage

Heliconie *(Heliconia Wagneriana)*
(Gerry Ellis/Ellis Wildlife Collection)

DER REGENWALD

Eine Hommage

◆

Geleitwort von H.R.H. Prince Charles

◆

Zusammengestellt von
The Living Earth Foundation

Herausgegeben von Lisa Silcock

Deutsch von
Hans-Heinrich Wellmann

Wissenschaftliche Beratung
Prof. Dr. G. Hartmann

Gegenüber: Stützwurzeln im Regenwald, Costa Rica
(Michael & Patricia Fogden)

INTER BOOK

Vorwort

Durch einen tropischen Regenwald zu gehen, wie es mir vor kurzem bei einem Besuch in Südamerika vergönnt war, ist ein unvergeßliches Erlebnis. Es ist unmöglich, sich dem Gefühl der Ehrfurcht zu entziehen, das durch die Schönheit des Waldes, durch seine Unermeßlichkeit und durch das Bewußtsein geweckt wird, einer Geschichte zu begegnen, die Jahrmillionen umspannt. Gewaltige, von Luftwurzeln gestützte Bäume ragen zum Himmel empor und strecken ihre Blätter 30 Meter über dem Boden dem Licht entgegen. Die Luft ist feucht und riecht nach verfaulendem Laub.

Tiere sind in der dichten Waldvegetation kaum zu sehen, doch hört man eine wahre Kakophonie verborgener Insekten und Vögel. Eine der erregendsten Erfahrungen war für mich die große Zahl der auffallend schönen Schmetterlinge, die über meinen Weg huschten. Geräusche bilden den Schlüssel zum Regenwald, der buchstäblich von Leben wimmelt – die Regenwälder enthalten mehr als die Hälfte aller Arten auf der Erde.

Aber die tropischen Regenwälder werden mit einer alarmierenden Geschwindigkeit und in einem Ausmaß vernichtet, das uns alle bedroht. Pflanzenarten sterben aus, bevor ihr potentieller Nutzen bekannt ist. Wenn die Regenwälder verschwinden, werden Wasser und Boden zerstört, und die Aussichten auf Entwicklungsprojekte und eine produktive Nutzung des Landes schwinden. Weltweit gesehen, betreffen die möglichen Auswirkungen auf die Stabilität des Klimas uns alle.

Wenn mehr Menschen verstehen würden, wie eng Wirtschaftspläne und mögliche Entwicklungsprojekte mit dem Schutz natürlicher Ressourcen verbunden sind, könnten Verbraucher und Entscheidungsträger andere Prioritäten setzen, soweit es die Regenwälder betrifft. Es gibt keine einfachen Lösungen, aber ein Teil der Antwort auf dieses Problem liegt in der Erziehung. Ohne Aufklärung und Erziehung erhalten alle Anstrengungen, die Umwelt zu schützen – ob die des Regenwalds oder eine andere – wahrscheinlich nie die Unterstützung, die zu ihrem Gelingen nötig ist.

Das vorliegende Buch bietet nicht nur eine Beschreibung dieser außerordentlichen Ökosysteme, sondern schärft auch das bereits bestehende Problembewußtsein und vermittelt ein tieferes Verständnis für die Rolle, die tropische Regenwälder im natürlichen Gleichgewicht unseres Planeten spielen. Es zeigt genau, was wir verlieren werden, wenn die Zerstörung anhält, und führt uns vor Augen, warum wir das nicht geschehen lassen dürfen. Aber die Zerstörung läßt sich nur aufhalten, wenn die Industrieländer die Kosten begreifen, die damit verbunden sind. Die Entwicklungsländer müssen bei der Verfolgung dieses Ziels unterstützt werden.

Wenn Sie dieses Buch kaufen, leisten Sie unmittelbar einen Beitrag zur Zukunftssicherung der Regenwälder. The Living Earth Foundation arbeitet für die Umwelterziehung in Großbritannien und anderen Ländern. Die Lizenzgebühren für dieses Buch werden einem Projekt in Kamerun zufließen, das Schulkinder, die in und an Regenwäldern leben, über ihre Umwelt aufklärt. Diese Kinder werden eine neue Generation bilden – eine Generation, die hoffentlich weiß, wie sie ihr unersetzliches Erbe zu schützen und zu verwalten hat.

Die Mitarbeiter

PROFESSOR GHILLEAN T. PRANCE ist Direktor der Royal Botanical Gardens in Kew. Er war von 1979 bis 1980 Präsident der Association of Tropical Botany (USA) und von 1984 bis 1985 Präsident der American Society of Plant Taxonomists. Er ist jetzt Präsident der Systematics Association.

DR. JULIAN CALDECOTT ist ein Regenwald-Ökologe, der an vielen Projekten zum Schutz des Tier- und Pflanzenlebens in Südostasien mitgearbeitet hat. Er ist zur Zeit Manager eines größeren neuen Nationalparks in Nigeria.

DR. TOM LOVEJOY, ein auf den Umweltschutz spezialisierter Biologe, arbeitet seit 1965 im Amazonaswald Brasiliens. Von 1973 bis 1987 leitete er das Programm des World Wildlife Fund (USA). 1987 wurde er zum Assistant Secretary for External Affairs an der Smithsonian Institution ernannt.

P. MICK RICHARDSON arbeitet gegenwärtig als biochemischer Systematiker am New York Botanical Garden. Er ist Autor eines Bandes über halluzinogene Angiospermen und schreibt ein Buch über die Evolution und Ökologie toxischer Pflanzen.

DR. CAROLINE PANNELL hat einen Lehrauftrag am Department of Plant Sciences der University of Oxford.

JONATHAN KINGDON ist Evolutionsbiologe, Maler und Autor zahlreicher Bücher und Aufsätze über Säugetiere und die optische Kommunikation bei Tieren. Er arbeitet jetzt am Department of Zoology der University of Oxford.

ANDREW MITCHELL ist ein Autor und Zoologe, der mit Hilfe neuer Methoden das Blätterdach des Regenwalds erforscht. Er ist zur Zeit Marketing Director of Earthwatch.

PROFESSOR DAVID BELLAMY, Botaniker, Schriftsteller und Rundfunkautor, war bis 1982 Senior Lecturer in Botanik an der Durham University. Im gleichen Jahr gründete er die Conservation Foundation.

ROBIN HANBURY-TENISON ist Präsident der Survival International. Von 1977 bis 1978 begleitete er als einer der führenden Forscher Großbritanniens 140 Wissenschaftler auf der größten Expedition, die je von der Royal Geographical Society organisiert wurde, nach Borneo. Die Expedition trug maßgeblich dazu bei, das Interesse der Weltöffentlichkeit an tropischen Regenwäldern zu wecken.

ROGER HAMMOND ist Founder Director und Chief Executive der Living Earth Foundation.

LISA SILCOCK war Ko-Produzentin des mit dem BAFTA Award ausgezeichneten Fernsehfilms *Baka – People of the Rainforest*. Um den Film zu drehen, lebte sie zwei Jahre bei den Baka-Pygmäen in Kamerun, Westafrika, und lernte ihre Sprache. Sie ist freischaffende Autorin.

Inhalt

Einleitung

Professor Ghillean T. Prance

Dieses Buch heißt **Die Regenwälder: Eine Hommage.** Ein seltsamer Titel zu einer Zeit, da die Existenz der Wälder selbst bedroht ist. Wem gilt diese Huldigung? Die Medien bombardieren uns täglich mit der erschrekkenden Tatsache, daß der Regenwald zerstört wird; die Öffentlichkeit ist alarmiert wie nie zuvor; selbst die Politiker beschäftigen sich mit dem Problem.

Der Verlust der tropischen Regenwälder ist zweifellos eine der schwersten Krisen, denen wir heute zu begegnen haben. Aber während viele von uns jetzt beängstigende Statistiken anführen können (ein Gebiet von der Größe Großbritanniens wird jedes Jahr niedergebrannt; jeden Tag sterben mehr als hundert Arten aus), haben wir nur eine ungefähre Vorstellung von dem, was Regenwälder eigentlich sind und warum sie so wichtig für uns sind. Wir wissen, *daß* etwas zerstört wird, aber nicht, *was* zerstört wird.

Einst bedeckte der Regenwald die tropischen Zonen und zog sich in einem fast lückenlosen Gürtel um den Erdball, unterbrochen nur vom Meer und einigen vom Klima nicht begünstigten Landregionen. Es gibt drei große Regenwaldgebiete: Süd- und Mittelamerika, das fast drei Fünftel des gesamten Regenwaldbestands der Welt enthält; Südostasien sowie West- und Zentralafrika. Kleinere Bestände finden sich in Australasien, im Fernen Osten und auf dem indischen Subkontinent sowie auf einigen tropischen Inseln. Aber was früher ein dichter Teppich unberührten Regenwalds war,

---

Ein Basilisk wartet im tropischen Regenwald auf eine vorbeikommende Beute, Costa Rica

(Ken Preston-Mafham/Premaphotos)

ist heute, vorwiegend durch Eingriffe des Menschen, nur noch bruchstückhaft vorhanden. Die immer kleiner werdenden Gebiete urtümlichen Regenwalds werden unterbrochen durch viele Areale, die bereits mehr oder weniger zerstört sind; und einige Gebiete weisen überhaupt keine Bäume mehr auf.

Man schätzt, daß fünfzig Prozent der tropischen Regenwälder der Welt schon unwiderruflich verloren sind, aber das macht die noch bestehenden Wälder um so wertvoller. Denn die Regenwälder sind der älteste und reichste Ausdruck des Lebens auf unserem Planeten, und auf einem Gebiet, das nur die Größe der Vereinigten Staaten aufweist, sind mehr als die Hälfte aller lebenden Arten zu finden – ebenso schöne wie bizarre Pflanzen und Tiere, die sich in einzigartiger Weise dem Regenwald angepaßt haben und nirgendwo anders auf der Erde vorkommen. Viele weitere sind noch unentdeckt und namenlos, könnten aber für die Menschheit ungeheuer segensreich sein. Es ist unmöglich, sich dem Gefühl ehrfürchtigen Staunens zu entziehen, das einen ergreift, wenn man dem Leben im Regenwald begegnet: Wir sehen, was wir verlieren, und erkennen, daß wir es nicht wie den Rest verschwinden lassen dürfen, nur weil wir es nicht genug zu würdigen verstehen.

Dieses Buch preist daher die Regenwälder der Welt; es weist nicht nur ihre nicht zu überschätzende Bedeutung für den Menschen auf, sondern zeigt auch das komplizierte Netz des Lebens, das unlösbar mit diesen Wäldern verwoben ist. Indem es sich das angesammelte Wissen der Waldbewohner zunutze macht und sich der Fähigkeiten bedeutender Schriftsteller, Wissenschaftler und Photographen bedient, gewährt uns das Buch einen einzigartigen Einblick in das Ökosystem des Regenwalds.

Was ist eigentlich ein Regenwald? Das Buch beschreibt, was er für sein Wachstum und seine elementaren Lebensprozesse benötigt, und schildert den Evolutionsdruck, der im Laufe von Jahrmillionen diese Ökosysteme in die komplexesten der Welt und ihre Bewohner in die artenreichsten und phantastischsten dieses Planeten verwandelt hat. Wir lernen die außerordentliche Vielfalt der tropischen Regenwälder kennen – viel zitiert, aber wenig verstanden – und begreifen, was es für die Welt bedeutet, wenn diese Vielfalt verlorengeht. Wir gewinnen ein Bild vom Regenwald als eine Gemeinschaft wechselseitig voneinander abhängiger Lebewesen, in der weder Pflanzen noch Tiere ohne den anderen existieren können, in der alle Teil eines komplexen Netzwerks von Interaktionen sind, das alle Teile des Waldes miteinander verbindet.

Die ganze Regenwald-Gemeinschaft, die soviel Leben erhält, befindet sich in einem empfindlichen und wohl ausgewogenen Gleichgewicht. Sobald eine Komponente stirbt, werden ihre Nährstoffe von einer ganzen Gemeinschaft zersetzender Organismen wiederverwertet und dann von den Pflanzen reabsorbiert, um neues Leben für den Wald zu schaffen. Dieses Recycling-System hat sich im Regenwald im Laufe von Jahrmillionen zu äußerster Effizienz entwickelt; nur dadurch ist es gelungen, dem dürftigen Boden ein paradoxerweise üppiges Wachstum abzuringen. Die reiche Vegetation vermittelt deshalb einen falschen Eindruck von der Fruchtbarkeit des Bodens; sobald die Bäume verschwunden sind, wird das Land schnell unproduktiv. Landwirte und Viehzüchter machen tagtäglich diese Erfahrung; das Land, das sie bestellen oder von ihren Rindern abweiden lassen,

Wasserfall im Nebelwald, Costa Rica
(Michael Fogden/Bruce Coleman Ltd.)

verfällt. Auf der Suche nach neuem, fruchtbarerem Boden roden sie weitere Wälder und tragen so zu der Zerstörung bei, die bereits durch Entwicklungsprojekte, Bauholz- und Erzgewinnung angerichtet worden ist.

Es fällt manchmal schwer, sich daran zu erinnern, daß der Mensch im Wald leben und ihn sogar nutzen kann, ohne ihm zu schaden. Aber es ist möglich; traditionsbewußte Völker haben es jahrhundertelang getan. Sie haben gelernt, ihre komplexe und fein ausbalancierte Umwelt zu verstehen und zu respektieren; aber heute, wo sie den ständigen Angriffen auf ihr Leben und ihre Heimat nicht mehr widerstehen können, sind die Waldvölker in eine ernste Krisensituation geraten. Sie erkennen die Folgen unserer Mißachtung ihres fundamentalsten Grundsatzes: nicht die Umwelt zu zerstören, von der wir abhängig sind.

Letzten Endes sind wir alle von den Regenwäldern abhängig, ob wir es wahrhaben wollen oder nicht. Aber wenn wir nichts tun, werden die Regenwälder in nur vierzig Jahren verschwunden sein. Wir werden am Ende des Buches auf dieses Problem zurückkommen. Aber zunächst wollen wir eintreten in die bedrohte Welt des Regenwaldes, des reichsten Naturschatzes, den wir auf unserem Planeten besitzen!

Kapitel 1

Der Regenwald – ein Überblick

Dr. Julian Caldecott

Der Regenwald ist ein Wunder an Komplexität, gestaltet von mehr als der Hälfte aller auf der Erde lebenden Tier- und Pflanzenarten – möglicherweise von weit mehr als der Hälfte. Millionen von Menschen bietet er unmittelbar eine Lebensgrundlage, doch indirekt erstreckt sich sein Einfluß auch auf die Existenz von Menschen, die weit von den Tropen entfernt leben. Wie die meisten von uns jetzt wissen, werden Regenwälder überall auf der Welt dezimiert, und mit ihnen schwindet das Leben, das sie erhalten. Noch ist unser Wissen über dieses wohl am höchsten entwickelte aller Ökosysteme äußerst unvollkommen, aber je mehr wir lernen, es zu verstehen, um so dringlicher wird die Forderung, es zu schützen. Was aber ist es, was es so einzigartig macht; warum muß es geschützt werden? Was ist diese Lebensgemeinschaft, die wir als Regenwald bezeichnen?

Die tropischen Regenwälder sind uralte, komplexe Ökosysteme, in denen es von den unterschiedlichsten Lebensformen wimmelt. Hier gibt es hoch emporragende Bäume, deren Stämme oft von Stützwurzeln getragen werden; ein luftiges Laubdach aus Zweigen und Blättern, die tiefe Schatten werfen; Kletterpflanzen und Palmen; Pflanzen, die auf anderen Pflanzen wachsen; einen fast nackten Waldboden, über den sich knotige Wurzeln winden, von herabgefallenen Blättern, einzelnen Farnen und Sämlingen bedeckt. Schmetterlinge tanzen in den Sonnenstrahlen, die da und dort durch das Blätterdach fallen; Vögel stoßen seltsame Geräusche aus; und Insekten schwirren und schwärmen.

Oft wird dieses ruhelose Treiben übertönt von dem Prasseln des Regens, der hoch oben auf die Blätter trommelt, und dem Aufschlagen der Tropfen, die durch das Laubdach sickern. Die Verbindung von Wärme und Regen läßt die Luft des Waldes, die nicht selten von Wasserdampf gesättigt ist, sehr

---

1 Sierra-Palmenwald, El Yunque, Puerto Rico

(Gerry Ellis/Ellis Wildlife Collection)

Zwischen den Wendekreisen des Krebses und des Steinbocks, von Queensland und Borneo bis nach Biafra und Yucatan oder Amazonien, überall wo die Temperatur hoch und konstant ist und der jährliche Niederschlag mehr als 250 Millimeter beträgt, wächst eine bestimmte Art von Wald – der tropische Regenwald. Diese uralten, komplexen Ökosysteme, in denen es von den unterschiedlichsten Lebensformen wimmelt, bieten über der Hälfte aller Pflanzen- und Tierarten auf der Erde Schutz (nach Ansicht mancher Wissenschaftler weit mehr als der Hälfte). Sie bedecken etwa ein Gebiet von der Größe der Vereinigten Staaten – drei Fünftel davon in Mittel- und Südamerika. Es sind die am stärksten bedrohten und wertvollsten Ökosysteme der Welt.

feucht werden. Nebel hüllt die Bäume ein, wenn die Sonne zum Vorschein kommt, und steigt auf, um dichte Wolken zu bilden, die ihrerseits wieder zu regnen beginnen.

Hohe Temperaturen und Niederschläge, mehr oder weniger konstant im ganzen Jahr, wirken zusammen, um die warme, dampfende Atmosphäre zu erzeugen, die für alle tropischen Regenwälder der Erde, von Queensland bis zum Amazonasbecken, charakteristisch ist. Unter diesen Treibhausbedingungen, geschützt vor Kälte und Zugluft, gedeihen Pflanzen und Tiere in einer verwirrenden und bis heute wissenschaftlich noch nicht erfaßten Vielfalt.

Paradoxerweise stellt gerade eines der Elemente, die dieses üppige Leben ermöglichen, die größte natürliche Bedrohung dar und ist überall gegenwärtig: Das tropfende, fließende, in jede Spalte sickernde Wasser würde, sich selbst überlassen, all die seltenen und kostbaren Nährstoffe des Waldes wegschwemmen. So hat sich jeder Organismus des Waldes auf diesen ständigen Kampf gegen die heimtückische Macht des Wassers eingestellt. Mit Erfolg – Schätzungen zufolge wird nur etwa ein Prozent der gesamten Nährstoffe des Waldes durch den Regen fortgewaschen.

Im Laufe der Zeit haben sich andere Anpassungen herausgebildet. Je länger ein Regenwald besteht, um so intimer werden die Beziehungen zwischen den zahlreichen Organismen, aus denen er sich zusammensetzt. Die Arten passen sich allmählich einander an – Tiere an Pflanzen, Pflanzen an Tiere, Tiere an Tiere und Pflanzen an Pflanzen, wobei jede Spezies ihre ökologische „Nische" von Generation zu Generation verfeinert. Das heißt, daß das, was eine Spezies zum Überleben braucht, und die Weise, in der sie diese Bedürfnisse erfüllt, im Laufe der Zeit immer ausgeprägter werden. Tiere und Pflanzen werden in ihren Überlebensstrategien immer erfolgreicher, nutzen die Gegebenheiten immer wirksamer aus oder vermeiden es, selbst den Gegebenheiten zum Opfer zu fallen. Tiere adaptieren sich dabei dahingehend, daß sie sich auf immer weniger Nahrungsquellen spezialisieren und sich als prospektive Beute immer besser schützen. Pflanzen passen sich immer spezieller werdenden Situationen an, und einige Arten treffen Vorkehrungen, sich zum gegenseitigen Nutzen mit anderen Arten zusammenzutun – indem sie, zum Beispiel, Nahrung und Schutz als Gegenleistung für Hilfe bei der Verteidigung bieten.

In dem Maße, in dem die Arten sich mehr und mehr spezialisieren, schaffen sie Raum für andere und ermöglichen es so neuen Arten, engere ökologische Nischen zu besetzen. Im Verlauf dieses Prozesses wird die kollektive Masse der Arten, die sich eine Umwelt teilen, immer effizienter darin, lebenswichtige Nährstoffe zu nutzen und wieder zu nutzen. Individuen von Arten mit sehr engen ökologischen Bedürfnissen neigen jedoch dazu, selten zu sein. Der Grund dafür liegt darin, daß sie nur Ressourcen (wie etwa Nährstoffe) verwerten können, die der besonderen Form entsprechen, an deren Nutzung sie angepaßt sind; und keine solcher spezifischen Formen ist in der Regel häufig. Außerdem steht nur eine begrenzte Menge von Ressourcen, in welcher Form auch immer, zu jeder Zeit im Wald zur Verfügung. Die Folge davon ist, daß es in Regenwäldern sehr viele (meist seltene) Arten mit sehr unterschiedlichen Lebensweisen gibt.

Kein anderer Lebensraum auf der Erde weist eine solche Fülle und ein solches Gewicht an pflanzlichem Leben per Hektar auf. Überdies wächst unter der tropischen Sonne alles mit einer erstaunlichen Geschwindigkeit. Der Regenwald erzeugt neues pflanzliches Gewebe schneller als jede andere terrestrische Lebensgemeinschaft. Aber auch der Tod ist stets gegenwärtig. Ein Geruch nach Verwesung hängt in der Luft, und der Boden ist bedeckt mit einer dünnen Schicht zerfallender Materie. Die Dynamik des Waldes wird angeheizt durch die Geschwindigkeit des Verfalls in der warmen, feuchten Atmosphäre, die als Brutkasten für aas- und pflanzenfressende Organismen dient, und durch den mächtigen Fluß des mit Nährstoffen angereicherten Wassers vom Boden zum Laubdach – emporgehoben durch den Verdunstungssog von Myriaden von Blättern. So befindet sich der Regenwald in einem dynamischen, von einer hektischen Umlaufrate bestimmten Gleichgewicht.

Es ist das helle Licht der tropischen Sonne, die dem Regenwald die Kraft zum Wachsen gibt. Indem sie die Sonnenenergie nutzen, produzieren die Pflanzen durch den chemischen Prozeß der Photosynthese Glucose aus Wasser und dem Kohlendioxid der Atmosphäre. Diese Glucose liefert die Bausteine der Moleküle, aus denen die Zellwände und Holzstoffe der Pflanze gebildet sind. Bei Bedarf kann sie überdies aufgebrochen werden, um der komplexen Biochemie des Lebens Energie und Atome zuzuführen. Sie wird zunächst von den Pflanzen genutzt, die sie herstellten, und dann, in der einen oder anderen Form, von Organismen, die sie der Pflanze selbst oder ihren Zerfallsprodukten entnehmen können.

Die Struktur des Regenwalds wird bestimmt von einem alles beherrschenden Faktor: Fast das gesamte Licht wird von dem Blätterdach des Waldes aufgefangen; darunter liegt alles im tiefen Schatten. Wenn eine Pflanze sich durch Photosynthese am Leben erhält, muß sie daher imstande sein, im Halbdunkel zurechtzukommen, oder sie muß es irgendwie schaffen, mit ihren Blättern ins Laubdach zu gelangen. Einige wenige Pflanzen haben sich an den Schatten des Waldbodens angepaßt, aber sie stellen nur einen Bruchteil der gesamten Flora des Regenwalds dar. Zu ihnen gehören die Farne, die Begonien, die breitblättrigen Gräser und Seggen sowie Ingwergewächse. Häufiger sind in dieser Zwielichtzone kleine Palmen, Büsche, Sämlinge und Schößlinge zu finden, von denen die meisten, mit etwas Glück, eines Tages das Blätterdach als Bäume oder Lianen erreichen.

Der Regenwald ist im wesentlichen eine Galerie, deren monumentale Struktur von den Bäumen bestimmt wird: Die Stämme liefern das Fachwerk für die unteren Stockwerke, während die oberen Äste das Dach bilden. Die höchsten Bäume können bis zu 60 Meter hoch werden; ihre Stämme weisen am Boden einen Durchmesser von fünf Metern auf und werden oft von Brettwurzeln gestützt. Bäume dieser Größe, die „Überständer" genannt werden, befinden sich freilich in der Minderzahl, und ihre Kronen überragen gewöhnlich die ihrer Nachbarn. Unter ihnen wird das Blätterdach gleichmäßiger; die Kronen der meisten ausgewachsenen Bäume stehen Schulter an Schulter 15 bis 45 Meter über dem Waldboden.

Die Hauptebene des Blätterdachs ist lichtdurchlässig; das Licht verliert jedoch ständig an Intensität, während es durch die Blätter dringt. Die Laubmasse bietet jenen Pflanzen eine Lebensmöglichkeit, die sich an verschiedene und sehr spezifische Stufen der Helligkeit und – da die Luft im Wald weniger trocken als draußen ist – der Feuchtigkeit angepaßt haben. Einige Baumarten bilden, je nach ihren physiologischen Bedürfnissen, ihre

Kronen in unterschiedlicher Höhe aus. An ihren Ästen und Zweigen – oder aneinander – klammern sich niedrigere Pflanzen an, die ihre Vorliebe teilen: Flechten und Moose, Farne und Orchideen in verschwenderischer und artenreicher Fülle. Mit dem Blätterdach verwoben sind die Stämme und Blätter von Kletterpalmen und Lianen, die ihrerseits dazu beitragen, den Wald in eine feste physische Struktur einzubinden und die oft einen großen Teil des Blätterdachs selber bilden.

In dieser verwirrend vielfältigen und dynamischen Umwelt bleiben die meisten Aktivitäten dem Blick verborgen. Eine wissenschaftliche Dokumentation der evolutiven Beziehungen zwischen den Millionen Arten des Regenwalds befindet sich noch im Anfangsstadium, und viele Probleme harren noch der Lösung. Zu ihnen gehört beispielsweise die Frage, inwieweit das „Wettrüsten" zwischen Raubtieren und ihrer Beute, Herbivoren und den Pflanzen, die sie fressen, zu chemischen und verhaltensgesteuerten Schutzmaßnahmen von erstaunlicher Kraft und Komplexität führen kann. Zu ihnen gehört auch die Frage, inwieweit einige Arten andere „manipulieren" können, um ihre eigenen Reproduktionsziele durch Bestäubung oder Samenausbreitung zu erreichen.

Aber die Chance, unser Wissen zu erweitern und vielleicht etwas daraus zu lernen, verringert sich rapide, denn jeden Tag tragen wir dazu bei, mehr als hundert Arten des Regenwalds aussterben zu lassen.

---

2 Umgestürzter Baum im Nebelwald, Venezuela

(Stephen Dalton/OSF)

Das Leben im Wald trägt seine Konkurrenzkämpfe, seine Siege und Niederlagen schweigend aus. Nur gelegentlich dringen Geräusche, die an laute Pistolenschüsse erinnern, durch die Stille, gefolgt von dem dröhnenden Splittern eines stürzenden Baumes. Eine Lücke hat sich in dem grünen Vorhang des Waldes aufgetan, und Licht dringt ein, um die vielen Sämlinge am Waldboden zu aktivieren, die seit ihrem Jahre zurückliegenden Aufkeimen auf eine solche Gelegenheit gewartet haben. Ein heftiger Wettkampf beginnt, und das Leben strebt nach oben, um die Lücke wieder auszufüllen. Ein solches „natürliches Ausfällen" bereichert den Wald und begünstigt die Kolonisation durch andere Arten. Der kommerzielle Kahlschlag hingegen kann den Wald für immer zerstören.

2

3 Wolkenverhangener Regenwald, Caparao National Park, Südostbrasilien
(Luiz Claudio Marigo)

4 und 5 In Nebel gehüllter Regenwald, Brasilien (C. S. Caldicott/Remote Source), **und Indonesien** (Tony Stone Photo Library)
Die Wärme der tropischen Sonne, die die Luft auf 17–30° C aufheizt, erzeugt in Verbindung mit den schweren Regenfällen ein Treibhausklima. Die Pflanzen des Regenwalds gedeihen prächtig in der warmen, feuchten Atmosphäre, die auch die Tiere vor Kälte und Zugluft schützt. Die Wachstumsbedingungen sind ideal, aber das natürliche Ökosysteme birgt auch verborgene Gefahren für alle Lebensformen des Regenwalds.

4

6 Tiefland-Regenwald, Costa Rica

(Michael und Patricia Fogden)

Wasser und Sonnenlicht erzeugen nicht nur die Treibhausatmosphäre, die das Pflanzenwachstum so begünstigt, sondern bilden auch die Grundlage für das Leben selbst. Alle Lebewesen, ob Pflanzen oder Tiere, setzen sich aus zahllosen Zellen zusammen, die zum größten Teil aus Wasser bestehen. Wasser transportiert auch die Nährstoffe des Waldes zwischen und in den einzelnen Pflanzen. Und Wasser vermittelt zusammen mit dem Sonnenlicht dem Regenwald die Energie, die er zum Leben braucht. Dank der Sonnenenergie können die Pflanzen Zucker aus dem Kohlendioxid der Luft und aus Wasser erzeugen – ein Vorgang, der als Photosynthese bekannt ist. Dieser Zucker baut die Moleküle der Pflanzenzellen auf und liefert die Energie, die sie zum Wachstum benötigen.

7

8

7 Trafalgar-Fälle, Dominica, Westindien (Gerry Ellis/Ellis Wildlife Collection)

8 Iguassa-Fälle, Brasilien/Argentinien (Michael und Patricia Fogden)
Wasser ist das Lebensblut des Regenwalds, aber es kann ebenso schaden wie nützen. Das Wasser dringt überall ein, trägt zur Erosion bei, löst Stoffe und bricht sie auf, saugt ihre molekularen Reste – unverzichtbar für die Nährstoffe des Ökosystems – aus dem Wald und spült sie in Flüsse und hinaus ins Meer. Das Wasser bedroht die Substanz des Waldes selbst, seine Gewebe, Mineralien und Biochemikalien. Aber im Laufe der Jahrtausenden hat sich der Wald diesem Druck angepaßt: Nährstoffe werden lebenden und toten Körpern entzogen und dem Wasser entrissen, bevor sie für immer verlorengehen. Auf diesen ständigen Austausch haben sich alle Organismen des Waldes eingestellt.

9

9 Mossman-River-Schlucht, Queensland, Australien
(Leo Meier/Weldon Trannies)

10 Baumfarne, Toro Negro, Puerto Rico (Gerry Ellis/Ellis Wildlife Collection)
Die Vegetation des tropischen Regenwalds wiegt pro Hektar mehr als die jedes anderen Lebensraums auf der Erde. Unter der hellen tropischen Sonne produziert der Regenwald neues pflanzliches Gewebe schneller als jede andere terrestrische Lebensgemeinschaft. Diese hohe Produktivität wird ausgewogen und aufrechterhalten durch den Tod – es stirbt genausoviel Gewebe, wie erzeugt wird, wobei sein Zerfall Nährstoffe zur Wiederverwendung liefert. Der Regenwald befindet sich also in einem dynamischen Gleichgewicht. Er weist freilich eine Umsatzrate auf, die im Vergleich zu anderen Wäldern in trockeneren oder kälteren Regionen abenteuerlich anmutet. Doch das fein ausgewogene Gleichgewicht des Regenwald-Systems ist sehr empfindlich, wenn es einmal gestört wird.

11

11 Überständer, Amazonien
(Tony Morrison/South American Pictures)

12 Überständer über dem Blätterdach, Korup National Park, Kamerun
(Phil Agland)

Der tropische Regenwald bildet seine Vegetation in mehreren „Stockwerken" aus, deren Höhen sehr unterschiedlich sind. Die Riesenbäume des Regenwalds, die Überständer, ragen mit ihren Kronen 55 Meter und mehr über den Boden. Unter ihnen, 15 bis 30 Meter über dem Boden, befindet sich ein dichter Baldachin, der als Blätterdach bezeichnet wird. Das Blätterdach bildet den eigentlichen Körper des Waldes und überschattet die unter ihm wachsenden Sträucher und jungen Bäume. Sämlinge, Farne und Pilze besiedeln den Waldboden.

12

13 Sonnenlicht, Queensland, Australien
(Leo Meier/Weldon Trannies)

Das wenige Sonnenlicht, das den Waldboden erreicht, fällt entweder durch die Lücken, die von umgestürzten Bäumen und den das Blätterdach durchstoßenden Überständern aufgerissen wurden, oder durch die vom sanften Spiel des Windes bewegten Blätter. Jeder Baum, jeder Strauch und jeder Sämling strebt nach oben ins Licht der Sonne, zur Quelle seiner Energie und seines Lebens.

13

15

14 Regenwald-Baum, Queensland, Australien

(Leo Meier/Weldon Trannies)

Die oft mehrere hundert Jahre alten Regenwald-Bäume haben sich im Laufe von Jahrtausenden entwickelt und sind keineswegs die passiven Organismen, als die sie auf den ersten Blick erscheinen. Die Bäume saugen Nährstoffe und Wasser aus dem Boden und absorbieren durch ihre Blätter Kohlendioxid aus der Atmosphäre. Bäume müssen Blüten ausbilden und Bestäuber anziehen, um sich zu vermehren. Sie müssen Früchte produzieren, um die Lebewesen anzulocken, die ihre Samen in alle Ecken des Waldes ausbreiten und das Überleben der Art sichern. Bäume müssen sich vor Räubern, Parasiten und Krankheiten hervorrufenden Organismen schützen. Und Bäume bilden gleichsam das Gerüst des Waldes – die Struktur, auf die alle anderen Lebensformen angewiesen sind. Ohne die Bäume könnte das Ökosystem Wald nicht bestehen.

15 Brettwurzeln als Stützen einer Feige, Sabah, Malaysia

(Gerald Cubitt/Bruce Coleman Ltd.)

Die Baumwurzeln saugen wichtige Nährstoffe und Wasser aus dem Boden, aber sie dienen auch dazu, den Baum sicher in der Erde zu verankern. Die Wurzeln der Regenwald-Bäume breiten sich meist nahe an der Bodenoberfläche aus – vielleicht weil sich dort die größte Konzentration an Nährstoffen befindet. Diese Oberflächenwurzeln tragen monumentale Gebilde, die nicht selten mehr als 55 Meter in die Höhe ragen und deren Holz hart und schwer ist. Die gewaltigen Stämme der Bäume werden von Stützwurzeln stabilisiert, die das Gewicht auf eine größere Fläche verteilen.

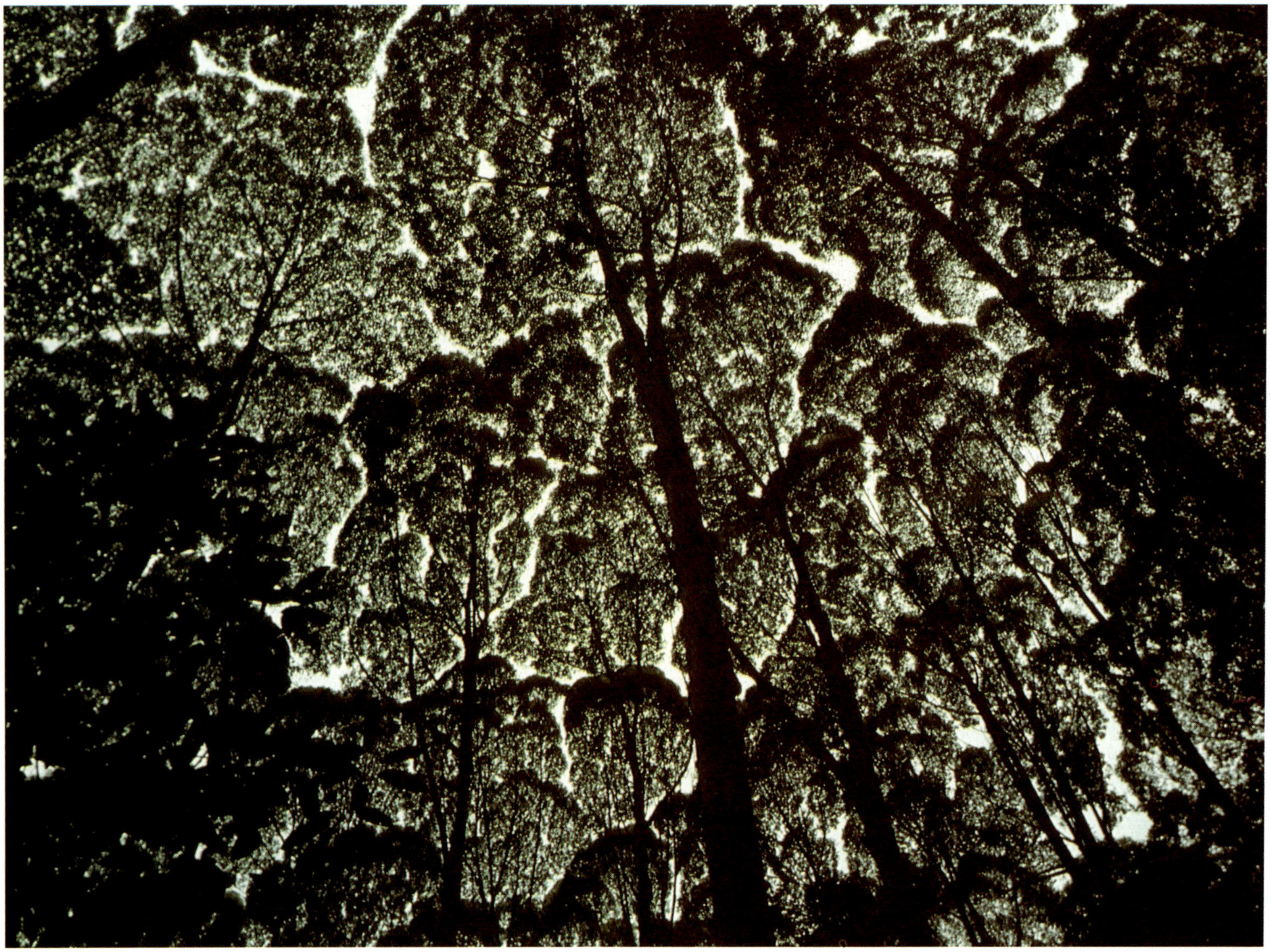

16

16 Das Regenwalddach von unten gesehen, Malaysia

(Earl of Cranbrook)

Die Bäume des Blätterdachs berühren einander nicht, sondern lassen kleine Zwischenräume offen. Der Grund dafür ist nicht bekannt – vielleicht soll auf diese Weise die Ausbreitung von Krankheiten verhindert oder der Zugang von einem Baum zum anderen für Räuber erschwert werden. Dennoch bildet das Blätterdach eine geschlossene Ebene, die das Sonnenlicht nicht hereinläßt und die Feuchtigkeit unter dem isolierenden Dach einschließt. So gibt es unter den Baumkronen wenig Licht und kaum Wind; Temperatur und Luftfeuchtigkeit bleiben Tag und Nacht mehr oder weniger konstant. Außerdem ist die Luft im Wald nicht nur kühler, sondern auch feuchter als über dem Blätterdach. Ohne diesen Schutz und ohne die Feuchtigkeit bewahrenden Eigenschaften der Wurzeln würde der anscheinend so fruchtbare Waldboden sich bald und unwiderruflich in eine Wüste verwandeln.

17 Kletternde Feige, Brasilien (Preston-Mafham/Premaphotos)

18 *Victoria Regia,* Amazonien, Brasilien (C. S. Caldicott/Remote Source)

Die Pflanzen des Regenwalds wachsen auf die unterschiedlichste Weise: Sie klettern, ranken und winden sich durch die Bäume. Die Vielfalt der Pflanzen im Regenwald ist ein Zeichen seines hohen Alters. Seit Millionen von Jahren hat sich das Leben des Waldes in vielen Formen und zahllosen Anpassungen an eine immer spezialisierter werdende Umwelt entwickelt. Das Ergebnis ist eine außerordentliche Bandbreite der unterschiedlichsten Arten, von denen viele jetzt aussterben, noch bevor sie überhaupt entdeckt worden sind.

17

18

19

19 Augenwimper-Palmenotter auf einem Palmenblatt, Costa Rica
(Michael und Patricia Fodgen)
Diese Augenwimper-Palmenotter lebt nur auf Bäumen. Wie alle Tiere des Regenwalds hat sie eine eigene, klar abgegrenzte Nische innerhalb des Ökosystems besetzt. Die Schlange ist völlig auf ihre Umwelt angewiesen. Sie ist darauf spezialisiert, sich von der Beute zu ernähren, die der Regenwald ihr bietet, und im Klima des Regenwalds zu überleben. Sie hat Techniken entwickelt, sich im Regenwald zu verbergen und dort zu jagen. Wenn sie diesen Kontext verlöre, würde die Schlange wie zahllose andere Tiere und Pflanzen nicht imstande sein, sich dem plötzlichen Wandel anzupassen, und mit Sicherheit als Art aussterben.

21

20 Luftwurzeln eines Feigenbaums, Cairns, Australien (Weldon Trannies)

21 Varzéa-Überschwemmungswald, Brasilien (Luiz Claudio Marigo)
In der vielfältigen und dynamischen Umwelt des Regenwalds vollziehen sich die meisten Aktionen im Verborgenen. Es ist unmöglich zu sagen, wie viele Tier- und Pflanzenarten im Varzéa-Überschwemmungswald leben oder wie viele sich von den Früchten des Feigenbaums ernähren. Eine wissenschaftliche Erforschung des Lebens im Regenwald hat erst begonnen und verspricht reiche Erkenntnisse. Aber werden die Regenwälder der Welt lange genug überleben, um uns in den Genuß dieser Erkenntnisse gelangen zu lassen?

Kapitel 2

Die unendliche Vielfalt des Lebens

Dr. Tom Lovejoy

Tropische Regenwälder weisen eine größere Vielfalt an Lebensformen auf als jedes andere Ökosystem auf der Erde. Durch die dichte Vegetation dem ungeübten Auge verborgen, gibt es eine Unzahl von seltenen, eigenartigen und herrlichen Pflanzen und Tieren. Zu ihnen gehören viele Arten, die noch unentdeckt und vielleicht von unermeßlichem Wert für die Menschheit sind. Auch gibt es im Regenwald Lebensformen, die nirgendwo anders zu finden sind. Was ist der Grund für diese außerordentliche Vielfalt, die wir vernichten, bevor wir überhaupt ihr volles Ausmaß erkannt haben?

Die Zahlen sind erstaunlich. Der Amazonas, der den größten tropischen Regenwald der Welt entwässert, beherbergt vermutlich etwa 3000 Fischarten, darunter fruchtfressende Fische und den Zitteraal. Das sind mehr, als im ganzen Nordatlantik zu finden sind. Das tropische Regenwaldgebiet von Panama besitzt 1500 Schmetterlingsarten, verglichen mit 763 in den Vereinigten Staaten und spärlichen 68 in Großbritannien. Es gibt mehr Arten von Holzpflanzen auf einem einzigen Vulkan in den Philippinen als in den gesamten Vereinigten Staaten. Fünfmal mehr Baumarten wachsen auf der Insel Madagaskar als in der ganzen mäßigen Zone Nordamerikas. Die Liste ist endlos.

Angesichts dieser verwirrenden und erfreulichen Vielfalt gereicht es der modernen Naturwissenschaft keineswegs zur Ehre – und stellt vielleicht eine ihrer größten Herausforderungen dar –, daß sie zwar Mittel und Wege gefunden hat, die Zivilisation und damit den größten Teil der biologischen Artenvielfalt zu zerstören, es jedoch bis heute versäumt hat, auch nur ungefähr festzustellen, wie viele Arten es auf der Welt gibt. Sie hat die Aufgabe vernachlässigt, ein Grundinventar allen Lebens auf der Erde zu erstellen – zu einer Zeit, da ein großer Teil davon in Gefahr ist, unwiederbringlich verlorenzugehen.

---

22 Fleischfressende Kannenpflanzen, Malaysia

(Gerald Cubitt/Bruce Coleman Ltd.)

Früher glaubte man, daß die tropischen Regenwälder etwa die Hälfte aller auf der Erde lebenden Arten enthielten. Aber in den letzten 20 Jahren ist die Gesamtzahl der geschätzten Arten von drei Millionen auf 60 Millionen gestiegen. Die Untersuchungen, die zu dieser Statistik führten, beschäftigten sich fast ausnahmlos mit Lebensformen des Regenwalds. Einige Wissenschaftler glauben jetzt, daß die tropischen Regenwälder der Welt vielleicht bis zu 90 Prozent aller auf der Erde vorkommenden Tier- und Pflanzenarten enthalten.

Etwa anderthalb Millionen Pflanzen- und Tierarten sind beschrieben worden, von denen eine Million aus der gemäßigten Zone kommt. Aber man hat geschätzt, daß 60 Millionen noch nicht beschrieben sind. Vor zwanzig Jahren war diese Zahl mit drei Millionen angegeben worden. Daß die Schätzung heute um soviel höher ausfällt, ist fast ausschließlich Erkenntnissen zuzuschreiben, die in den tropischen Regenwäldern gewonnen wurden. Insbesonders die Arbeiten Terry Erwins über die Insekten im Blätterdach des Amazonaswalds haben die Vermutung nahegelegt, daß Biologen die Artenvielfalt beträchtlich unterschätzt haben. Bisher hatte man gedacht, daß die Hälfte aller Arten im tropischen Regenwald zu finden seien, der nur sieben Prozent der trockenen Oberfläche der Erde einnimmt. Jetzt glauben viele Wissenschaftler, daß nicht weniger als 90 Prozent aller Pflanzen- und Tierarten dort leben.

Die Arten zu zählen ist vielleicht die einfachste und praktischste Methode, um einen Eindruck von der Vielfalt der Lebensformen zu gewinnen; aber wir sollten uns daran erinnern, daß es zahllose Unterteilungen gibt, die dieses System nicht berücksichtigt. So würde beispielsweise eine Beschreibung der Hundefamilie nur die etwa 35 Arten in Betracht ziehen, in die diese Familie unterteilt werden kann, ohne die vielen Züchtungen des Haushundes zu beachten – ganz zu schweigen von den genetischen Unterschieden, die uns gestatten, die Hundefamilie so klar zu definieren.

Selbst auf lokaler Ebene ist die Artenvielfalt des Regenwalds bemerkenswert. Während ein Wald der gemäßigten Zone vielleicht zehn oder 15 und in Extremfällen sogar bis zu 30 Baumarten aufweisen mag, finden wir in tropischen Wäldern Hunderte. Auf einer Fläche von zehn Hektar im mittleren Abschnitt des Amazonas haben Forscher über 300 Baumarten identifiziert. Eine jüngere Studie in Malaysia verzeichnete 835 Arten auf 50 Hektar. Schätzungen zufolge enthält ein typisches Regenwaldgebiet von nur sechs Kilometern im Quadrat nicht weniger als 1500 Arten von Samenpflanzen, 750 Baumarten, 400 Vogelarten, 150 Arten von Schmetterlingen, 100 Arten von Reptilien und 60 Arten von Amphibien. Die Anzahl der Insekten ist so groß, daß sie nur hochgerechnet werden kann, aber ein Hektar kann mindestens 42 000 Arten enthalten. Tropische Wälder stellen daher die biologisch vielfältigste Lebensgemeinschaft dar und sind die komplexesten Systeme der Welt.

Wenn es darum geht, die biologische Vielfalt zu schützen, genügt es nicht, alle Pflanzen- und Tierarten eines begrenzten Gebiets zu schützen. Es gilt auch die verschiedenen Artenverbände zu schützen, die charakteristisch für bestimmte biologische Gemeinschaften sind. Jüngere Studien über Schmetterlinge am mittleren Amazonas in drei einen Hektar großen Parzellen verzeichneten zum Beispiel 217 von insgesamt 454 Arten, die im ganzen Gebiet bekannt waren. Doch obgleich die drei Parzellen dicht beieinanderlagen und oberflächlich gesehen starke Ähnlichkeiten aufwiesen, waren nur etwa 25 Prozent der Schmetterlingsarten in allen drei Parzellen gemeinsam zu finden, während 25 Prozent allein in einer Parzelle vorkamen.

Wahrscheinlich sind noch 90 Prozent aller Arten des tropischen Regenwalds unentdeckt und unbenannt – ganz abgesehen davon, daß wir nichts über ihre Verteilung wissen. Dieser Umstand macht es den Umweltschützern äußerst schwierig, Prioritäten zu setzen. So ist es dringend erforderlich, eine Bestandsaufnahme der biologischen Vielfalt des Regenwalds anzufertigen, solange noch Zeit für Schutzmaßnahmen ist. Bis dahin gilt es, jene Wälder zu schützen, die klar erkennbare Unterschiede aufweisen; so ist zumindest gewährleistet, daß ein breites Spektrum unterschiedlich adaptierter Pflanzen und Tiere ebenfalls geschützt ist.

Es gibt nicht weniger als 40 verschiedene Arten des Regenwalds, die in vier Hauptkategorien unterteilt werden. Der erste Typ, der tropische immergrüne Tieflandwald, macht zwei Drittel von dem aus, was wir als Regenwald bezeichnen; er weist die größte Artenvielfalt und das üppigste Wachstum auf. Dann gibt es die Überschwemmungswälder oder Varzéas mit ihren kleinen und verkümmerten Bäumen; den tropischen, feuchten Laubwald, der von den Jahreszeiten beeinflußt wird und laubwerfende Bäume enthält; und schließlich den montanen Regenwald, einschließlich des Nebelwalds, der den größten Teil seiner Feuchtigkeit dem Nebel entzieht, in den er eingehüllt ist.

Waldtypen werden zunächst nach nicht-biologischen Faktoren – wie Niederschlagsmenge, Temperatur, Höhe und Jahreszeitlichkeit (vor allem der Niederschläge) – klassifiziert. Dieses System hat den Vorteil, daß es auf jedes Land, ohne Bezug auf Flora und Fauna, angewandt werden kann und die Grundtypen der ökologischen Gemeinschaften identifiziert. Diese Parameter lassen sich noch verfeinern, indem man Faktoren wie echte Jahreszeitlichkeit und Bodentyp einschließt. Noch engere Klassifikationen sind möglich, wenn man Wälder hinzufügt, die so von einer Art von Holzpflanze beherrscht werden, daß man sie aus der Luft erkennen kann, wie etwa die verschiedenen Bambus- und Palmenwälder.

Weitere Unterscheidungen beziehen geographische Gegebenheiten ein. Grob gesagt, ist es unwahrscheinlich, daß die Wälder von Zaire, Madagaskar, Mittelamerika und Indonesien gemeinsame Tier- und Pflanzenarten enthalten. Doch bezeichnenderweise weist sogar der atlantische Wald Brasiliens beträchtliche Unterschiede in der Artenverteilung zum Amazonaswald auf – ebenso wie benachbarte Täler der Anden oder die Inseln der Philippinen und Indonesiens.

Das alles ist wichtig, weil die Wissenschaftler glauben, daß Isolation der entscheidende Faktor bei der Evolution neuer Arten ist. Wenn eine Art durch zufällige geographische oder geologische Vorgänge in zwei getrennte Populationen von hinreichender Größe geteilt wird, entwickelt sich jede dieser Populationen unabhängig von der anderen. Das könnte auf isolierten Inseln oder – wie im Fall der beiden brasilianischen Wälder – in Wäldern geschehen, die sich durch unterschiedliche Wachstumsbedingungen voneinander unterscheiden. Wenn genügend Zeit verstreicht, trennen sich die beiden Populationen so weit voneinander, daß sich ihre Individuen nicht mehr miteinander paaren können, wenn sie wieder zusammengebracht werden. Aus einer Art sind zwei neue entstanden.

Studien über die Verteilung allgemein bekannter Gruppen von Organismen, wie Vögel, Schmetterlinge und Frösche, haben gezeigt, daß sich in bestimmten Gebieten des Regenwalds, besonders in Westafrika und Amazonien, gehäuft Arten gebildet haben, die nur in einem begrenzten Areal vorkommen. Viele Wissenschaftler glauben, daß dies Orte sind, an denen es isolierten Waldgebieten gelang, Folgen kalter, trockener Perioden zu überstehen, die dort während der Eiszeit der nördlichen Kontinente herrschten. In diesen als Refugien bekannten Gebieten konnten sich neue Arten entwickeln. Wenn auch diese Theorie, die dazu beitragen kann, die Artenvielfalt in den Wäldern zu erklären, eine Hypothese bleibt, ist es unbestritten, daß jene Gebiete Arten enthalten, die nirgendwo anders vorkommen und die daher vor allen anderen geschützt werden sollten.

Wenn die Wälder der Welt mit einer Rate von fast 40 Hektar pro Minute zerstört werden, ist wohl jedem Einsichtigen klar, daß wir sofort nach den bereits bestehenden Prioritäten Schutzmaßnahmen treffen müssen. Doch wenn unser Wissensstand hinsichtlich der Flora und Fauna der tropischen Regenwälder nicht rasch und systematisch erweitert wird, werden viele Arten unbekannt bleiben – und damit zahllose Möglichkeiten, diesen Wissensstand zu nutzen. Allein auf medizinischem Gebiet haben die Regenwälder wirksame Medikamente gegen Leiden wie die Hodgkinsche Krankheit, Leukämie und Malaria geliefert, um nur einige zu nennen.

Die Liste segensreicher Produkte, die wir den Wäldern verdanken, ist endlos und wird ständig länger. Ein außerordentliches Potential stellt überdies die experimentelle Genetik dar, eine neue Wissenschaft, die sich – entgegen der landläufigen Meinung – nicht darum bemüht, neue Gene herzustellen, sondern darum, die bereits vorhandenen neu zu ordnen. Unter diesem Gesichtspunkt liegt letztendlich der eigentliche Reichtum der tropischen Länder im genetischen Bestand ihrer Wälder, den wir eines Tages auf eine heute noch unvorstellbare Weise werden nutzen können.

Die Bedeutung der Kenntnisse, die mit der Vernichtung der biologischen Vielfalt in Gefahr geraten verlorenzugehen, läßt sich gar nicht hoch genug veranschlagen. Denn jede Art stellt eine einzigartige Verbindung bestimmter Eigenschaften dar, von denen jede ein biologisches Problem auf ihre eigene evolutive Weise gelöst hat. Mit jeder Art, die verlorengeht, verarmt die Wissenschaft des Lebens. Wenn wir den Verlust der Regenwälder zulassen – und mit ihm den eines großen Teils des biologischen Artenreichtums –, wird das als eine der schändlichsten Taten in die menschliche Geschichte eingehen.

---

23 Bärenmaki, West-Zentralafrika

(Phil Agland/Partdridge Films)

Der Regenwald kann als ein Mosaik verschiedener Kleinlebensräume gesehen werden, die sich zu einer größeren Gesamtheit zusammenschließen. Diese Kleinlebensräume werden bestimmt durch verschiedene Vegetationsgruppen, durch die Höhe des Lebensraums vom Boden (beispielsweise Blätterdach- oder Strauchschicht), durch das vorhandene Licht, durch Bodentyp und Feuchtigkeit. Die meisten Tiere bleiben ausschließlich in einem dieser Kleinlebensräume und dringen nicht in einen anderen ein. So steigen manche Affen fast nie auf den Boden hinab, während bestimmte Vögel nie die Strauchschicht verlassen. Das trägt dazu bei, den Konkurrenzkampf mit anderen Arten zu vermeiden, die ähnliche Bedürfnisse haben. So bewohnt der insektenfressende Bärenmaki die niedrige Strauchschicht, während der Potto, ein anderer Primat, der sich von Insekten und Früchten ernährt, im Blätterdach des Waldes lebt. Beide Arten machen sich nie die Nahrung streitig.

24 Montanwald, Östliche Anden

(Tony Morrison/South American Pictures)

Regenwald ist eine Bezeichnung, die einen weiten Bereich von Waldtypen einschließt. Sie werden nach Faktoren wie Bodentyp, Jahreszeitlichkeit und Höhe in nicht weniger als 40 Waldformationen eingeteilt. Da unsere Kenntnisse der Arten des Regenwalds noch sehr beschränkt sind, erweist sich diese Klassifikation als nützlich für Naturschutzmaßnahmen. Wenn charakteristische Waldtypen geschützt würden, würden damit auch ihre verschiedenen Bewohner erhalten bleiben. Der Begriff „Montanwald“ schließt mehrere Waldtypen ein, wie beispielsweise das Krummholz, ein Wald, in dem die Bäume verkrüppelt und von starken Winden gebeugt sind, und Nebelwälder, die so hoch liegen, daß sie ständig in Wolken gehüllt sind und eine hohe Luftfeuchtigkeit aufweisen.

25

25 Stützwurzeln und Lianen, Tiefland-Regenwald, Peru

(Michael und Patricia Fogden)

Das Wort „Regenwald" bezeichnet in der Regel den Tiefland- oder niedrigen Montanwald, wie er im Amazonasbecken, in West-Zentralafrika und in Teilen Südostasiens zu finden ist. Es ist dieser Waldtyp, der die größte Artenvielfalt aufweist, am wenigsten von Jahreszeiten beeinflußt wird und vorwiegend immergrüne Pflanzen enthält. Das soll jedoch nicht heißen, daß der Tieflandwald der einzige Regenwald ist, dessen Erforschung sich lohnt. Und sicherlich ist er nicht der einzige, dessen Bestand gefährdet ist.

26

26 Überschwemmter Galeriewald, Venezuela

(Sullivan & Rogers/Bruce Coleman Ltd.)

Die Galeriewälder sind Streifen regenwaldartiger Vegetation an Flüssen, die durch Gebiete fließen, in denen sonst kein Regenwald wächst. Die üppige Vegetation dieser Wälder ist zwischen dem Fluß und ihren in Grasland übergehenden Rändern oft nur wenige Kilometer breit, beherbergt jedoch viele der Arten, die auch im nahe gelegenen Amazonasbecken zu finden sind. Wie der australische Regenwald, einige brasilianische Atlantikküsten-Regionen und einige andere Wälder Südamerikas wird der Galeriewald stark von den Jahreszeiten beeinflußt. Im Gegensatz zu manchen Regenwäldern, die fast das ganze Jahr über starke Niederschläge haben, kennen diese Wälder eine ausgesprochene Trockenzeit, während der die Laubbäume – von denen es viele gibt – ihre Blätter abwerfen.

27 Riesenbaumfarne, Atlantischer Wald, Südbrasilien
(Luiz Claudio Marigo)
Der Atlantische Regenwald an der Küste Brasiliens unterscheidet sich stark von dem des brasilianischen Amazonas. Durch ein Terrain getrennt, das keinen Regenwald aufweist, haben sich die beiden Wälder unabhängig voneinander entwickelt und besitzen nur wenige gemeinsame Arten. Baumfarne bevorzugen einen sehr feuchten Wald und brauchen viel Licht. Indem sie die durch umgestürzte Bäume entstandenen Lükken nutzen, können sie eine Höhe von 20 Metern erreichen. Es gibt mindestens 700 Arten von Baumfarnen in den Tropen und Subtropen, von denen einige nur in einem sehr begrenzten Bereich vorkommen. Riesige Teile des Atlantischen Regenwalds Brasiliens, sind gerodet worden, um Platz für Viehfarmen zu schaffen. Jetzt ist der Wald unmittelbar vom Aussterben bedroht.

28

28 Plumploris, Malaysia

(Gerald Cubitt/Bruce Coleman Ltd.)

Zwei Tierarten, die zusammen in einem Wald vorkommen, haben selten die gleichen Bedürfnisse, besetzen selten dieselbe ökologische „Nische". Eine Nische ist die Funktion, die ein Lebewesen in einem Ökosystem ausfüllt – wo es lebt, was es frißt, welche Feinde es hat und so weiter. Es scheint gleiche Nischen in geographisch voneinander getrennten Regenwäldern zu geben, aber sie werden vielleicht von einer Art in Afrika und einer völlig anderen in Amerika besetzt. Tiere entwickeln sich jedoch in physischer Hinsicht so, daß sie diese Nischen auf bestmögliche Art nutzen können, und ähneln einander oft. Man vergleiche etwa diesen Lori mit dem nicht verwandten Bärenmaki auf Seite 39.

29

30

29 Tamandua, ein Ameisenbär, Amazonasbecken, Peru
(Michael und Patricia Fogden)

30 Riesen-Schuppentier, Südost-Kamerun
(Lisa Silcock/Dja River Films)

Der südamerikanische Tamandua und das afrikanische Schuppentier illustrieren, wie verschiedene Arten mit gleichen Bedürfnissen oft dieselben körperlichen Merkmale ausbilden, die am besten ihrer Lebensweise angepaßt sind. Diese Theorie wird als konvergente Evolution bezeichnet. So haben beide Tiere sich darauf spezialisiert, Ameisen und Termiten zu fressen (das Riesen-Schuppentier kann in einer Nacht 200 000 Ameisen mit einem Gewicht von etwa 700 Gramm verzehren), und daher spitz zulaufende Köpfe, zahnlose Mäuler und lange, schmale, klebrige Zungen entwikkelt, mit denen sie in Ameisen- und Termitennester eindringen können, sowie kräftige Klauen, um feste Hügel aufzugraben. Sowohl das Schuppentier als auch der Tamandua sind vom Aussterben bedroht: Das Fleisch des Schuppentiers wird von Feinschmeckern geschätzt, während Tamanduas in Entwicklungsgebieten auf den Straßen überfahren oder von Freizeitjägern abgeschossen werden, und andere Ameisenbären in den Tierhandel gelangen. Die Zerstörung ihrer natürlichen Habitate stellt jedoch eine noch größere Gefährdung dar.

31

32

33

31 Fächerpalmenblätter (Simon Bracken/Weldon Trannies)

32 Krautschicht im Regenwald, Costa Rica (Michael Fogden/Bruce Coleman Ltd.)

33 Heliconienblätter, Monteverde, Costa Rica (Michael Fogden/Bruce Coleman Ltd.)
Die Vielfalt pflanzlichen Lebens im Regenwald ist erstaunlich. In einem typischen Regenwald-Gebiet von nur 6,5 Kilometer im Quadrat können bis zu 1500 Arten von Blütenpflanzen und 750 Baumarten vorkommen. Im Monteverde-Wald in Costa Rica, wo zwei der hier abgebildeten Photos aufgenommen wurden, gibt es schätzungsweise 2500 Pflanzenarten. Man vergleiche diese Zahlen mit denen eines zehn Hektar großen Waldgebiets der gemäßigten Zonen, das vielleicht 15 oder höchstens 30 Arten enthält. Ein entsprechendes Areal des Amazonas-Regenwalds bietet Lebensmöglichkeiten für etwa 300 Arten. Viele dieser Pflanzen haben noch nicht einmal einen Namen, und fast keine von ihnen ist wissenschaftlich untersucht worden. Wenn man bedenkt, daß über 40 Prozent der in den Vereinigten Staaten verschriebenen Medikamente ihre Wirkstoffe „natürlichen" Chemikalien – hauptsächlich aus den Pflanzen des Regenwalds – verdanken, erhebt sich die Frage, wie viele mögliche neue Medikamente wir täglich mit jedem Hektar Regenwald verlieren.

34

34 Soziale Wespen, Trinidad

(Ken Preston-Mafham/Premaphotos)

Diese häufigen Regenwald-Wespen sind eine von zahllosen Arten des tropischen Waldes. Ihre Nester, die wie die der europäischen Wespen aus Holzresten gebaut sind, hängen unter breiten Blättern. Von dieser geschützten Position aus schwärmen die Wespen bei der leisesten Störung aus dem Nesteingang und nehmen ihre Verteidigungshaltung ein – den Unterleib aufgerichtet und bereit zum Stechen. Diese Strategie und die schmerzhaften Stiche ihrer Stacheln sorgen dafür, daß sie kaum verfolgt werden. Ihre einzigen ernsthaften Feinde sind die Wanderameisen, die auf Raubzügen durch den Wald marschieren. Wanderameisen plündern bei ihren Überfällen die Nester bis auf das letzte Ei, die letzte Larve und den letzten Nahrungsvorrat aus. Die wenigen Wespen, denen es gelungen ist zu entkommen, schwärmen gewöhnlich hilflos in der Nähe umher.

35 Wanderameisen, eine Larve tragend, Costa Rica

(Michael und Patricia Fogden)

Wanderameisen sind bekannt für ihre spektakulären Raubzüge. Die Staaten einiger Arten können bis zu zwei Millionen Individuen zählen, während die ähnlichen Treiberameisen in Afrika Staaten von bis zu 20 Millionen Individuen bilden. Diese fleischfressenden Ameisen suchen ihre Nahrung vorwiegend auf dem Waldboden, wo sie jedes Insekt töten, das nicht rechtzeitig den endlosen Marschkolonnen von bis zu 50 000 Individuen entkommen konnte. Ameisen haben eine hochentwickelte Gesellschaftsordnung, in der jeder Kaste – ob Königin, Arbeiter oder Soldat – eine spezifische Rolle zugewiesen ist. Im evolutionären Sinne sind sie äußerst erfolgreiche Insekten. Es gibt buchstäblich Tausende von Ameisenarten in den tropischen Regenwäldern, in denen sie jeden Teil, vom Boden bis zum Blätterdach, kolonisiert haben.

35

36 Auf Moos abgelegte Eier eines Laubfroschs, Costa Rica

(Michael Fogden/OSF)

Von den vielen Fröschen, die auf allen Ebenen der mittel- und südamerikanischen Regenwälder leben, sind die Laubfrösche die am weitesten verbreiteten. Erstaunlicherweise legen Laubfrösche ihre Eier auf festem Boden ab, aber vollziehen ihre gesamte Metamorphose, vom Ei bis zum voll ausgebildeten, nur sechs Millimeter großen Frosch, im Wasser. Dieser terrestrische Lebenszyklus ist nur in der feuchten Atmosphäre des Regenwalds möglich, in der weder das Ei noch der Frosch durch Austrocknung gefährdet ist.

36

37 Goldkrötchen, Monteverde-Nebelwald, Costa Rica

(Michael und Patricia Fogden)

Diese herrlichen Goldkrötchen sind äußerst selten. Sie sind im Monteverde-Nebelwald endemisch und kommen nur auf einem Gebiet von 500 mal 5000 Meter vor. Sie wurden erst vor 15 Jahren entdeckt – zur Überraschung der Biologen, die zunächst dachten, sie seien gefärbt. In den letzten beiden Jahren ist nur ein Individuum gesichtet worden: Offensichtlich sind derart seltene Arten äußerst empfindlich. Populationen können sich wahrscheinlich nach natürlichen Katastrophen wieder erholen, aber wenn ihr Habitat nicht geschützt wird, sind die Goldkrötchen ernsthaft vom Aussterben bedroht.

37

38

38 Baum- oder Schildwanzen, Australien

(Ken Preston-Mafham/Premaphotos)

Die auffälligen Farben dieser Schildwanzen zeigen potentiellen Räubern an, daß sie entweder giftig oder übelschmeckend sind – eine Überlebensstrategie, die von vielen Tieren, besonders von Insekten, angewendet wird, gelegentlich auch als Bluff von harmlosen Arten. Die Gruppenbildung solcher Insekten ist nicht ungewöhnlich und dient sowohl dazu, die Warnung zu verstärken, als auch dazu, Räuber davon abzuhalten, mehr als ein Tier zu verzehren: Ein unerfahrener Angreifer, der ein Insekt probiert hat, wird nicht wagen, ein zweites zu verschlingen. So werden die übrigen Individuen, die alle von denselben Eltern abstammen, geschützt – und damit ihr genetisches Material.

39

39 Gelbohr-Fledermäuse unter einem Blatt, Costa Rica

(Michael und Patricia Fogden)

Fledermäuse aller Formen und Größe stellen einen großen Teil der im Regenwald vertretenen Säugetierarten dar – bis zu 50 Prozent – und sind maßgeblich für ihre Vielfalt verantwortlich. Diese winzigen, nur fünf Zentimeter langen Gelbohr-Fledermäuse gehören zu den wenigen Arten, die fast völlig weiß sind. Die Fledermäuse nagen beide Seiten der Mittelrippe eines großen Heliconia-Blattes ab, so daß das Blatt an beiden Seiten herunterhängt und eine Art von Baldachin bildet. Jede männliche Fledermaus läßt sich darin mit einem Harem von Weibchen nieder – in diesem Fall mit etwa 20.

40 Buckelzirpen, Südamerika
(Ken Preston-Mafham/Premaphotos)
Die nach ihrem Panzer benannten Buckelzirpen sind in vielen unterschiedlichen Lebensräumen, von Brasilien bis Süd-Florida, weit verbreitet. Allein in Costa Rica gibt es über 30 Arten. Die Buckelzirpen haben eine ideale Tarnung entwikkelt, um ihr Überleben zu sichern: Von weitem ähneln sie Dornen, aber aus der Nähe werden Warnfarben sichtbar, die einem interessierten Räuber anzeigen, daß sie ungenießbar sind. Vielleicht schreckt auch ihre eckige Gestalt die Vögel davon ab, sie zu fressen.

40

41

Mindestens die Hälfte der 8500 Vogelarten, die es auf der Erde gibt, lebt im tropischen Regenwald. Nach den Insekten sind die Vögel der stärkste Ausdruck der Artenvielfalt des Waldes. Sie besetzen jede verfügbare Nische im Ökosystem tropischer Wälder. Vögel verschiedener Arten schließen sich häufig zu Gruppen zusammen, die gemeinsam – und zum wechselseitigen Nutzen – nach Nahrung suchen. So finden sich insektenfressende Vögel oft in Gesellschaft von fruchtfressenden Arten, deren Picken die Insekten aufscheucht. Eine größere Anzahl von Individuen gewährleistet überdies einen besseren Schutz gegenüber Räubern.

42

41 Blaukappentangare
(Luiz Claudio Marigo)

42 Vielfarbentangare
(Luiz Claudio Marigo)

Es gibt Hunderte von Tangaren in der Neuen Welt – 220 allein in Südamerika –, und weitaus die meisten von ihnen leben in tropischen Regenwäldern. Diese auffällig gefärbten, vorwiegend fruchtfressenden Vögel halten enge ökologische Nischen besetzt, wobei verschiedene Arten in verschiedenen Höhen zu finden sind. Ihre Zahl vermittelt eine Vorstellung von der Vielfalt der Lebensräume, die es innerhalb des Regenwalds gibt. Da die Vögel sich jeweils einer anderen Umwelt angepaßt haben, können viele Arten eng beieinander leben, ohne um die Nahrung konkurrieren zu müssen.

43

43 Kappennaschvogel

(Luiz Claudio Marigo)

Der Kappennaschvogel ist ein Mitglied der Tangarenfamilie, obgleich er noch anpassungsfähiger zu sein scheint als die Tangaren selbst. Er kann sowohl im ursprünglichen als auch im Sekundärwald leben und findet seine Nahrung, entweder allein oder in Gruppen, in zahlreichen Lebensräumen – von den unteren Schichten des Waldes bis zu den höchsten Baumwipfeln.

44 Lotosnektarvogel (männlich), Sri Lanka

(Dieter und Mary Plage/Bruce Coleman Ltd.)

Nektarvögel besetzen dieselbe ökologische Nische in der Alten Welt wie die Kolibris in Mittel- und Südamerika und sind von Afrika bis Asien zu finden. Wie die Kolibris sind sie winzige, oft wie Edelsteine schillernde Nektartrinker. Die beiden Gruppen sind jedoch nicht miteinander verwandt.

45

45 Ein Weißling bei der Eiablage, Costa Rica
(Michael und Patricia Fogden)
Ein Stück Regenwald von nur 6,5 Kilometer im Quadrat kann 150 Schmetterlingsarten enthalten, doch dank der unterschiedlichen Zusammensetzung des Waldes bleiben Schmetterlinge der einen Art oft an einem Ort und dringen nicht in das Gebiet vor, das von einer anderen Art besetzt wird. Studien in drei benachbarten, einen Hektar großen Arealen am Amazonas zeigten, daß nur etwa 25 Prozent der Schmetterlingsarten in allen drei Gebieten gemeinsam vorkamen.

46

46 Dreiecks-Nachtbaumnatter beim Verzehr der Eier des Rotaugen-Laubfroschs, Costa Rica
(Michael und Patricia Fogden)
Die Dreiecks-Nachtbaumnatter hat sich darauf spezialisiert, Froscheier zu fressen, und sucht die ganze Nacht zwischen den Blättern und den von Pflanzen gebildeten kleinen Tümpeln des Blätterdachs nach ihrer Nahrung. Die Frösche sichern das Überleben ihrer Arten auf vielerlei Weise, unter anderem dadurch, daß sie eine große Anzahl von Eiern legen, von denen einige höchstwahrscheinlich am Leben bleiben.

47

47 Brackwespen-Puppen als Schmarotzer auf einer Raupe

(Michael Fogden/Bruce Coleman Ltd.)

Der Parasitismus spielt eine bedeutende Rolle im Ökosystem des Regenwalds. Viele Arten können sich nur dadurch vermehren, daß sie einen anderen lebenden Organismus für ihre Zwecke benutzen – und ihn häufig dabei töten. Parasiten sind manchmal so spezialisiert, daß sie nur eine bestimmte Pflanze oder ein bestimmtes Tier als Wirt verwenden können. Die weibliche Brackwespe legt ihre Eier auf der Raupe ab. Die Larven verzehren nur die nicht lebenswichtigen Teile der Raupe, die daher einige Zeit braucht, ehe sie stirbt – eine unfreiwillige Pflegemutter für die Brut der Wespen, die schließlich ausschlüpft.

48 Goldkäfer, Nebelwald, Costa Rica
(Michael und Patricia Fogden)
Wir wissen nicht, wie viele Käferarten es im Regenwald gibt, aber ihre Zahl ist zweifellos sehr hoch. Es sind vor allem die Käfer, die für den großen Anteil von Tieren im Regenwald verantwortlich sind. Bis jetzt sind nur verhältnismäßig wenige Arten wissenschaftlich erfaßt worden. Doch selbst grobe Schätzungen geben einen Hinweis auf die unerhörte Vielfalt der Arten in dieser Umwelt.

48

49 Weiblicher Beutelfrosch, Nebelwald, Venezuela
(Michael und Patricia Fogden)
Der weibliche Beutelfrosch legt seine Eier ab, die vom Männchen befruchtet und dann in einer Tasche auf dem Rücken des Weibchens untergebracht werden. Letzteres verschließt die Tasche und schafft so eine feuchte und geschützte Umgebung, in der die Eier reifen können. Nach etwa vier Wochen kommen die voll ausgebildeten kleinen Frösche zum Vorschein. Das hier abgebildete Weibchen trug nicht weniger als 32 Fröschlein in ihrer Tasche.

49

50

50 Eine Schlegels-Lanzenotter verschlingt einen Anolis auf einer Heliconia-Blüte, Costa Rica

(Michael und Patricia Fogden)

Die Schlegels-Lanzenotter kommt in vielen Farbvariationen vor; am spektakulärsten ist dieses Goldgelb. Sie benutzt ihre Farben als Lockmittel: So werden etwa kleine Vögel von dem Leuchten angezogen; aber eine nähere Inspektion kann sich als tödlich erweisen. Giftschlangen wie diese Lanzenottern gehören zu den vielen Tieren und Pflanzen des Regenwalds, die Gift benutzen, um entweder zu jagen oder sich zu verteidigen.

51

51 Rüsselkäfer auf einem Ingwerblatt, Costa Rica

(Ken Preston-Mafham/Premaphotos)

Rüsselkäfer sind in den tropischen Regenwäldern weit verbreitet. Die Käfer bohren ihren Rüssel in die fleischigen Teile von Samen und Pflanzen, um sich auf diese Weise von ihnen zu ernähren. Das Loch dient auch dem Weibchen als sicherer Platz zur Eiablage.

53

52 Lar mit Jungem, Südostasien (Rod Williams/Bruce Coleman Ltd.)

53 Schwarzer Brüllaffe, Südamerika (Rod Williams/ Bruce Coleman Ltd.)
Affen finden ihre weiteste Verbreitung in den tropischen Regenwäldern und wissen ihre arboreale Umgebung auf ideale Weise zu nutzen. Der Brüllaffe verläßt fast nie die mittlere Waldschicht, während der Lar, wie alle Gibbons, zu den schnellsten Tieren in den Baumwipfeln gehört. Lare bewegen sich mit großer Behendigkeit durch Schwinghangeln und überbrücken manchmal Lücken im Walddach durch Sprünge von bis zu 15 Metern.

Kapitel 3

Das tropische Wettrüsten – Überlebensstrategien

P. Mick Richardson

Der Regenwald ist nicht nur eine zufällige Ansammlung von Pflanzen und Tieren, sondern eine höchst komplexe, interaktive Lebensgemeinschaft. Die Bäume bilden das Fachwerk dieser Gemeinschaft und stützen sie auf vielerlei Weise. Innerhalb des Ökosystems des Regenwalds herrscht jedoch eine ständige Auseinandersetzung zwischen den Arten, und keine Auseinandersetzung hat den Wald so entscheidend geprägt wie der Evolutionskampf zwischen den Bäumen und den Herbivoren. Dieser Krieg wird in den tropischen Wäldern der ganzen Welt seit Jahrmillionen mit chemischen Waffen ausgefochten.

Die Bäume und die anderen Pflanzen des Regenwalds, die organische Verbindungen aus Sonnenlicht, atmosphärischem Kohlendioxid und Wasser bilden, stellen das erste Glied in der Nahrungskette dar. Sie befriedigen also die Lebensbedürfnisse des nächsten Glieds in der Kette – der riesigen Zahl von pflanzenfressenden Insekten und anderen Herbivoren. Gewissermaßen an der Front des Kampfes ums Überleben stehend, befinden diese Pflanzen sich in einem Dilemma: Einerseits müssen sie die für ihre Arterhaltung notwendigen Bestäuber und Samenverteiler anziehen, andererseits müssen sie den Schaden, den Scharen marodierender Herbivoren im Wald anrichten, auf ein Mindestmaß beschränken. Ohne Schutzmaßnahmen würden die Bäume kahlgefressen und kleinere Pflanzen völlig vernichtet werden. Im Laufe von Millionen von Jahren haben diese scheinbar passiven Organismen jedoch eine Anzahl sinnreicher Abwehrmaßnahmen entwickelt, die ihr Überleben – und damit das des Waldes – sichern.

---

54 Raupen eines Bläulings auf einem Cycasblatt, Costa Rica (Michael und Patricia Fogden)
Die größte potentielle Gefahr für die Gesundheit des Waldes geht von den Herbivoren aus. Wenn ihnen kein Einhalt geboten würde, würden sie jede Pflanze ausrotten. Im Laufe der Jahrtausende haben die Regenwald Pflanzen jedoch sowohl strukturelle als auch chemische Mittel zu ihrer Verteidigung entwickelt. Bei vielen Bäumen wird jedes Blatt, jede Wurzel, Frucht und Blüte sowie die Rinde und das Holz durch eine giftige oder übelschmeckende Komponente geschützt. Aber ihre Angreifer haben durch Anpassung darauf reagiert und über zahllose Generationen hinweg mit den Pflanzen einen „chemischen Krieg" geführt, der bis heute andauert. So haben sich Tiere entwickelt, die darauf spezialisiert sind, sich nur von einer oder zwei Pflanzen zu ernähren, deren Genuß für andere tödlich wäre. Nur die hier abgebildeten Raupen und eine bestimmte Käferart sind imstande, die Blätter dieser hochtoxischen Cycas zu fressen. Die Raupen synthetisieren die aufgenommenen Blattgifte und verwenden sie für ihre eigene Verteidigung: Ihre auffällige Färbung zeigt potentiellen Räubern an, daß sie gefährlich sind.

Nur wenige Waldbäume produzieren während des ganzen Jahres ständig neue Blätter. Junge Blätter sind besonders verletzbar; aber die Pflanzen können sich bis zu einem gewissen Grad dagegen schützen, indem sie entweder in der Trockenperiode, in der die Zahl der Insekten gering ist, Blätter produzieren, oder indem sie gleichzeitig eine Fülle von Blättern ausbilden, die den Nahrungsbedarf der Herbivoren-Populationen befriedigt. Gelegentlich tun sie beides und produzieren gegen Ende der Trockenperiode einen starken Ausstoß an Blättern.

Mit zunehmendem Alter werden die Blätter zäher und resistenter gegen die Angriffe der Insekten. Einige Pflanzen schützen ihre Blätter durch eine dicke, wächserne Kutikula; andere haben physische Schutzmaßnahmen wie Stacheln und Dornen entwickelt; während die Stämme vieler Waldbäume, einschließlich der Palmen und der Familie der Efeu- und Araliengewächse, einen dichten Panzer scharfer Dornen besitzen, um größere Tiere daran zu hindern, ihre Blätter, Blüten und Früchte zu erreichen. Den weitaus meisten Pflanzen fehlt es jedoch an diesen sichtbaren Verteidigungsvorrichtungen. Sie werden durch verschiedene chemische Verbindungen geschützt, die durch alle ihre Teile wandern.

Diese chemischen Schutzmittel haben vielfältige Formen angenommen und sind äußerst effektiv. So besitzen die Blätter einiger Pflanzen kleine Härchen, die bei Berührung sofort ein spürbares Brennen auf der Haut erzeugen. Andere, besonders die der Sumach-Gewächse, enthalten Chemikalien, die so starke allergische Reaktionen im Darm der Herbivoren auslösen, daß sie die Tiere davon abhalten, die Pflanze noch einmal zu probieren. Wieder andere Blätter enthalten Substanzen, die an sich harmlos sind, doch phototoxisch wirken, indem sie auf ultraviolettes Licht reagieren und giftige Verbindungen bilden, die den unglücklichen Räuber verletzen oder töten. Die meisten der von den Pflanzen verwendeten chemischen Verbindungen schmecken jedoch nur unangenehm und halten Räuber in der Regel nach dem ersten Biß davon ab, weiter zu fressen – obgleich sie eine akkumulative Giftwirkung haben können, wenn das Tier sich weiter von der Pflanze ernährt.

Auch tödliche Gifte werden in diesem Kampf ums Überleben eingesetzt. Einige Pflanzen enthalten Cyane produzierende Glykoside, die Cyanwasserstoff (Blausäure) freisetzen, wenn die Zellen durch den Biß eines Räubers zerstört werden – eine toxische Substanz, die die Atmung lähmt. Die Samenkapsel des Rizinus enthält eine der giftigsten Substanzen, die wir kennen, ein Ricin genanntes Protein, von dem ein Molekül genügt, um eine ganze Zelle zu töten.

Viele dieser Chemikalien sind uns bekannt – so sind Strychnin und Cyanid in Regenwald-Pflanzen häufig anzutreffen. Andere enthalten bittere Tannine, die wir durch den säuerlichen Geschmack kennen, den sie unreifen Früchten oder trockenem Rotwein verleihen. Jede Pflanzengruppe hat sich auf die Produktion bestimmter chemischer Verbindungen spezialisiert. Bäume verschiedener Arten, die dicht nebeneinander im Wald wachsen, können völlig unterschiedliche Abwehrchemikalien enthalten, so daß ein Pflanzenfresser, der ungestraft die Blätter eines Baumes genießen kann, durch die seines Nachbarn vergiftet wird. Auf diese Weise ist es den Pflanzen gelungen, nicht nur individuelle, sondern auch gemeinsame Verteidigungsmechanismen zu entwickeln, die es einem einzelnen Räuber unmöglich machen, auch nur einen kleinen Teil eines Waldes zu vernichten.

In der von einem erbarmungslosen Konkurrenzkampf bestimmten Umwelt des Waldes bleiben solche Mechanismen jedoch nicht ohne Gegenmaßnahmen. Es scheint, als ob eine Art chemisches „Wettrüsten" zwischen den Pflanzen und den Insekten ausgetragen wird. Als Reaktion auf die Chemikalien, die die Pflanze produziert, um die Insekten von sich fernzuhalten, entwickeln diese antitoxische Mechanismen oder andere Mittel, um die schützenden Gifte wirkungslos werden zu lassen. Die Pflanzen ihrerseits antworten darauf durch die Entwicklung neuer chemischer Waffen. Im Laufe der Zeit überwinden die Insekten dank ihrer erstaunlichen adaptiven Fähigkeiten auch diese Chemikalien, und so setzt die Eskalation sich fort. Das Ergebnis dieses ständigen Wettrüstens sind immer spezialisierter werdende Beziehungen zwischen Pflanzen und Insekten. Immer weniger Räuber sind in der Lage, sich von einer bestimmten Baumart zu ernähren, so daß jeder Räuber sich auf eine immer kleiner werdende Zahl von Wirtspflanzen beschränkt.

Einige faszinierende Beispiele der gegenseitigen Abhängigkeit haben sich als Folge dieser gemeinsamen Evolution von Pflanzen und Insekten herausgebildet. Schmetterlingslarven, die sich von den phototoxische Chemikalien enthaltenden Pflanzen der Doldengewächse ernähren, vermeiden die Gefahr, indem sie nur nachts fressen. Außerdem schützen sie sich, indem sie sich während der Tagesstunden in das Innere eines Blatts zurückziehen, das ultraviolettes Licht von ihnen abschirmt. Man nimmt an, daß die meisten Insekten dadurch mit chemischen Verbindungen fertigwerden, daß sie sie entgiften und ausscheiden; aber in wachsendem Maße lernen sie offensichtlich, die Chemikalien in ihrem Körper zu speichern, um sich selbst gegenüber ihren Feinden toxisch zu machen. Blattläuse, die sich von Seidenpflanzengewächsen ernähren, speichern beispielsweise Cardenolide, die psychoaktive Eigenschaften besitzen und die natürlichen Feinde der Blattläuse, die Spinnen, veranlassen, unregelmäßige Netze zu spinnen.

Als ob sie ihre Toxizität anzeigen wollten, sind viele dieser giftigen Insekten auffallend gefärbt, zum Beispiel mit den Carotinen, die sie beim Fressen von den Wirtspflanzen erhalten. Andere Insekten haben Mittel und Wege gefunden, die Gifte, die sie von einer Pflanze fernhalten sollen, für sich selber zu nutzen. So entnehmen zum Beispiel die Danaiden-Schmetterlinge einer Crotolaria-Art pyrrolizidine Alkaloide und modifizieren sie, um sie während der Werbung als Aphrodisiaka zu verwenden.

Viele Pflanzen, darunter die bekannte Kautschukpflanze, verlassen sich einfach darauf, die Mundwerkzeuge ihrer Feinde zu verkleben. Wenn sie beschädigt werden, produzieren sie einen Milchsaft, der an der Luft oxidiert und eine zähflüssige, klebrige Masse bildet. Es versteht sich von selbst, daß es einigen Insekten gelungen ist, dieser Gefahr zu entgehen: Indem sie die Hauptblattader der Pflanze durchbeißen, lassen sie den Milchsaft ablaufen und unterbrechen auf diese Weise seinen Fluß zu der Stelle, an der sie zu fressen gewohnt sind – ein sinnreiches Vorgehen, das auch von einigen Insekten auf Blättern angewandt wird, die toxische Substanzen enthalten.

Einige Pflanzen schützen sich durch raffinierte molekulare Tricks. Zahlreiche Vertreter der Hülsenfrüchtler erzeugen beispielsweise Aminosäuren, die zwar anders, aber ähnlich strukturiert sind wie die Aminosäuren, die man in Proteinen findet. So ist von über 1200 Hülsenfrüchtlern bekannt, daß sie Canavanin enthalten, eine nicht in Proteinen vorkommende Aminosäure, die mit der Protein-Aminosäure Arginin verwandt ist. Die meisten Insekten, die sich von der betreffenden Pflanze ernähren, gliedern die falsche Aminosäure anstelle des Arginins in ihre Proteine ein; und da die aberranten Proteine sich nicht richtig verhalten, sterben die Insekten. Die Samenkäfer verwenden jedoch die Samen einer dieser Pflanzen, der *Dioclea megacarpa,* die fast 13 Prozent Canavanin enthält, als eine Art von Kinderhort. Die Larven ernähren sich ungestraft von den Samen, weil sie ein proteinbildendes Enzym erzeugen, das zwischen Canavanin und Arginin unterscheiden kann. Außerdem gelingt es dem Stoffwechsel des Käfers, das Canavanin in Nahrung umzuwandeln.

Noch ungewöhnlicher verhalten sich die Pflanzenbestandteile, die in den Lebenszyklus der Insekten eingreifen. Insekten durchlaufen eine komplexe Reihe von Larven- und Adultstadien mit verschiedenen Häutungen, die durch Juvenil- und Häutungshormone gesteuert werden, bevor sie zur Reife gelangen. Einige Pflanzen enthalten große Mengen des Juvenilhormons ihrer Angreifer, das diese veranlaßt, im Larvenstadium zu verharren und zu sterben, bevor sie sich vermehren können. Andere Pflanzen tun genau das Gegenteil und erzeugen Substanzen, die die Wirkungen der Juvenilhormone außer Kraft setzen, so daß die Insekten einige lebenswichtige Larvenstadien auslassen und ein frühreifes und unvollkommenes Adultstadium erreichen. Und schließlich gibt es Pflanzen, deren Bestandteile in den Häutungsprozeß der Insekten eingreifen. Eine ähnliche Technik wird angewandt, um pflanzenfressende Säugetiere abzuwehren. So enthält eine Pflanzengruppe Substanzen, die die Wirkung des Östrogens imitieren und auf diese Weise die Fertilitätsrate der Tiere senken.

Die Abwehrkomponenten, die von den Pflanzen erzeugt werden, sind ihrer Natur nach Wirkstoffe. Bisher sind noch nicht viele Pflanzen des Regenwalds auf diese Wirkstoffe hin untersucht worden; aber die wenigen Studien, die es auf diesem Gebiet gibt, haben erstaunliche Ergebnisse gezeitigt. Pflanzen produzieren Fungizide, Abwehrmittel gegen Insekten und Pestizide. Man hat einige gefunden, die – im Gegensatz zu vielen synthetischen Chemikalien – schädlich für Insekten, aber harmlos für Säugetiere sind. Ein herausragendes Beispiel ist Kautschuk. Von den Pflanzen zu ihrem eigenen Schutz entwickelt, ist es für viele tropische Länder von großer wirtschaftlicher Bedeutung und übertrifft jedes synthetische Produkt. Abwehrchemikalien bilden die aktiven Ingredienzen in praktisch allen auf pflanzlicher Basis hergestellten Medikamenten, die gegenwärtig 40 Prozent aller in der westlichen Welt verschriebenen Heilmittel ausmachen. Die von den Pflanzen des Regenwalds entwickelten Komponenten, die sie so wirksam machen, könnten durch sorgfältige Züchtung und experimentelle Genetik verwendet werden, um die Resistenz von Nahrungspflanzen gegenüber Krankheiten und Räubern in Gebieten zu stärken, in denen die Menschen mühsam ihre Felder bestellen. Die Liste potentieller Nutzanwendungen ist endlos. Wenn wir den Regenwäldern die Möglichkeit geben zu überleben, könnten wir noch viele Jahre von dem Reichtum zehren, der sich in Jahrmillionen der Evolution angesammelt hat.

55 Heuschrecken-Nymphen auf einem Blatt, Malaysia
(Ken Preston-Mafham/Premaphotos)
Heuschrecken aller Arten können verheerende Schäden in den Wäldern anrichten. Einige können sich nur von bestimmten Pflanzen ernähren, während andere imstande zu sein scheinen, eine Vielzahl von Blättern zu verzehren. Die hier abgebildeten Nymphen werden sich mehrmals häuten, bevor sie voll ausgewachsen sind. Als adulte Tiere werden sie Warnfarben tragen, die anzeigen, daß sie giftige Blattkomponenten gespeichert haben.

55

56

57

56 Junge Blätter des Cecropia-Baums, Südamerika
(Tony Morrison/South American Pictures)

57 Frauenhaarfarn, Trinidad (Ken Preston-Mafham/Premaphotos)
Junge Blätter sind Räubern meist wehrlos ausgesetzt, da es oft lange dauert, ehe sie härten und ihre Verteidigungskomponenten entwickeln. Rotfärbung bei jungen Blättern ist nicht selten: Im Laubdach dient das Pigment wahrscheinlich als Schutz gegen die kräftigen Sonnenstrahlen. Seine chemische Basis, Anthocyan, bildet auch die Bausteine für die Verteidigungskomponenten, die sich entwickeln, wenn das Blatt älter wird.

59

59 Blattfußwanze auf einer Passionsblume, Trinidad
(Ken Preston-Mafham/Premaphotos)
Diese Käfer saugen den Saft aus der Blüte, aber sie haben sich so entwickelt, daß sie die giftigen Bestandteile, die sie enthält, gefahrlos zu sich nehmen können. Die Blattfußwanzen speichern die Toxine und zeigen ihre Anwesenheit durch lebhafte Warnfarben an.

58 Passionsblume, Südamerika (Nick Gordon)
Alle Blüten sind dem Dilemma ausgesetzt, Bestäuber anziehen und zugleich Räuber abschrecken zu müssen. Vor allem als Reaktion auf die Schmetterlinge der Familie Heliconiiden und deren Raupen, ihre Hauptfeinde, haben die Passionsblumen eine ganze Reihe von Verteidigungsmaßnahmen entwickelt. Einige locken mit ihrem Nektar Ameisen an und benutzen die Insekten als Wächter gegen potentielle Räuber. Andere besitzen mit Stacheln versehene Stiele, die Raupen daran hindern, an ihnen emporzuklettern. Wiederum andere haben gelbe Tupfer entwickelt, die Schmetterlingseier nachahmen und so weibliche Schmetterlinge davon abhalten, wirkliche Eier zu legen. Und schließlich sind die meisten Teile der Passionsblume ungenießbar – freilich nicht der Nektar, der den Bestäubern als Anreiz dient.

60

60 Berggorillas, Ruanda
(R.I.M. Campbell/Bruce Coleman Ltd.)
Gorillas fressen riesige Mengen pflanzlicher Stoffe, u. a. Blätter, Wurzeln, Rinden und Früchte. Doch anders als die Insekten, die eine begrenzte Intelligenz und Mobilität haben, können Gorillas sich ihre Nahrung aussuchen und sich frei überall dorthin bewegen, wo die saftigsten Blätter zu finden sind. Sie brauchen sich nicht auf eine bestimmte Art von Blättern zu spezialisieren. Obgleich der Berggorilla fast keine natürlichen Feinde hat, ist seine Art durch übermäßiges Wildern vom Aussterben bedroht.

61

61 Grauer Halbmaki im Bambushain, Madagaskar
(Ken Preston-Mafham/Premaphotos)
Es gibt nur sehr wenige Tiere, die vom Bambus etwas anderes fressen als die jüngsten und zartesten Triebe, da die älteren Blätter durch toxische Bestandteile gut geschützt sind. Doch dieser seltene Lemur hat ein besonders angepaßtes Verdauungssystem entwickelt, das ihm gestattet, mit dem in der Pflanze enthaltenen Gift umzugehen, ohne sich zu gefährden.

62

62 Halsbandpekari, Mittelamerika (Partridge Films)
Pekaris sind die größten Samenräuber des Waldes und haben mächtige Kieferknochen entwickelt, mit denen sie die härtesten Schalen knacken können. Zusammen mit Nagetieren wie dem Aguti sind Pekaris verantwortlich für den Verlust vieler Samen und Sämlinge. Die Pflanzen begegnen diesen Räubern durch zahlreiche Strategien. So produzieren sie so viele Samen, daß einige überleben; oder sie bilden winzige Samen aus, die eine so geringe Nahrungsmenge darstellen, daß sie nicht verlockend sind; oder sie schützen ihre Samen durch chemische Mittel.

63

63 Asselspinner-Raupen, Venezuela (Ken Preston-Mafham/Premaphotos)
Raupen, die weich und langsam sind und sich oft über längere Zeiträume auf einem Blatt aufhalten, sind Angreifern gegenüber meist wehrlos. Aber viele von ihnen haben Verteidigungsmittel entwickelt, die fast jeden Räuber abschrecken. Die Asselspinner warnen durch eine leuchtend grüne Körperoberfläche vor den sehr schmerzhaften Stichen ihrer Haare, obwohl Grün in der Regel keine Warnfarbe ist.

64

65

66

64 Schmetterlingsraupe, Kamerun
(Michael Fogden/Bruce Coleman Ltd.)

65 Asselspinner-Raupe, Java
(Ken Preston-Mafham/Premaphotos)

66 Raupe eines Fleckenfalters, Malaysia
(Ken Preston-Mafham/Premaphotos)

Viele Raupen besitzen Stacheln, deren Stiche selbst bei Menschen einen sporadischen Juckreiz hervorrufen können, der oft bis zu einem Jahr anhält. Diese Stacheln folgen in manchen Fällen der Musterung des Blattes, so daß die Konturen des Tieres sich verwischen und die Schatten gedämpft werden, die es sonst verraten hätten. Obgleich die Hauptfarben der Raupen unauffällig sind (meist ein Grün, das sich mit dem der Blätter, von denen sie sich ernähren, deckt), werden Räuber bei näherer Inspektion durch diskrete Schutzfarben gewarnt – wie etwa dem gelbgrünen Gürtel oder den gelben Flecken auf den Stacheln.

68

67 Schmetterlingskokon, Mittelamerika (Partridge Films)
Vor dem Verpuppen verbringt die Raupe ihr ganzes Larvenstadium damit, zu fressen und zu wachsen. Der Kokon, in dem die Metamorphose von einer Raupe zu einem Schmetterling oder Falter sich vollzieht, hängt gewöhnlich unter einem Blatt oder einem Zweig. Wenn das adulte Individuum schließlich erscheint, frißt es keine Blätter mehr, aber man nimmt an, daß Raupen, die sich von toxischen Pflanzen ernährt und die Giftstoffe zu ihrer eigenen Verteidigung gespeichert haben, diesen Schutz auch nach der Metamorphose als ausgewachsener Schmetterling oder Falter behalten.

69

68 Schwalbenschwanz-Raupe, die Vogelkot nachahmt, Panama
(Ken Preston-Mafham/Premaphotos)
Wie viele Geschöpfe des Regenwalds suchen sich einige Raupen durch Tarnung vor Räubern zu schützen. So imitiert diese Raupe, die durch nichts den herrlichen Schmetterling verrät, der sie einmal sein wird, Vogelkot, anstatt sich durch Stacheln oder Giftstoffe zu verteidigen.

69 Nachtfalter-Raupe, Bolivien
(G.I. Bernard/NHPA)
Die Haare dieser Encleiden-Raupe können einem unaufmerksamen Tier oder Menschen schmerzhafte Stiche versetzen.

70

71

70 Allamanden-Blüte, Montanwald, Amazonas/Anden
(Tony Morrison/South American Pictures)

71 Regen auf Blättern, Java
(Alain Compost/Bruce Coleman Ltd.)
Die Pflanzen des Regenwalds müssen sich nicht nur vor Räubern schützen, sondern auch vor dem allgegenwärtigen Wasser. Auf Blättern zurückbleibendes Wasser kann die Bildung von Algen begünstigen, die das lebenspendende Sonnenlicht blockieren würden. Doch durch Vorrichtungen wie die Abtropfspitzen auf den hier abgebildeten Blättern wird das Wasser rasch abgeleitet. Weit verbreitet ist auch eine wächserne, glänzende Blattoberfläche, die den Abfluß des Wassers erleichtert und das Blatt härter macht.

72

72 Dornen an einem jungen Baumstamm, Maracá

(William Milliken/Royal Geographic Society Maracá Rainforest Project)

Die von Pflanzen gegenüber ihren Angreifern entwickelten Verteidigungen können chemischer, aber auch struktureller Art und genau so wirksam sein wie bestimmte Blattkomponenten. So halten die Dornen auf diesem jungen Baum effektiv Räuber ab. Bei einigen Baumarten werden die Dornen abgeworfen, wenn der Baum eine gewisse Reife erlangt und chemische Verteidigungsmittel entwickelt hat.

73

73 Harz von *Pterocarpus soyauxii*, Kamerun

(Mike Harrison/Dja River Films)

Alle Bäume besitzen einen harzigen Saft, der rasch aufsteigt, um Verletzungen oder Abschürfungen der Rinde oder des Holzes zu versiegeln. Das ist wichtig, um entweder Infektionen zu verhüten oder Insekten daran zu hindern, sich unter der Rinde im ungeschützten Holz anzusiedeln. Die hier abgebildeten stachellosen Bienen sammeln das austretende Harz, um damit ihren eigenen Nesteingang gegen Angreifer zu verteidigen.

Kapitel 4

Die unfreiwilligen Kuppler – Befruchtung durch Manipulation

Professor Ghillean T. Prance

Sobald eine Pflanze sich erfolgreich gegen Angreifer verteidigt hat, besteht ihre Aufgabe darin, sich zu vermehren. Für die Blütenbäume, Sträucher und Kräuter muß als erstes die Befruchtung stattfinden: Die Pollenkörner der männlichen Blütenteile müssen auf die weiblichen Blütenteile übertragen werden. Aber Pflanzen können sich nicht bewegen und müssen daher Mittel und Wege finden, ihren Pollen zu transportieren. Viele benutzen Tiere, besonders Vögel, Fledermäuse und Insekten, als Träger. Aber wie kann eine einfache Pflanze solche Geschöpfe dazu bewegen, ihr bei der Vermehrung zu helfen? Des Rätsels Lösung liegt in den Blüten: Jede einzelne ist ein lockendes Ziel, dessen Farbe, Geruch und Struktur dazu dient, einen bestimmten, wenn auch unfreiwilligen Bestäuber anzuziehen.

Die meisten Arten der Blütenpflanzen müssen bestäubt werden, um Samen zu produzieren. Die staubähnlichen Pollenkörner der Blüte sind ihr Sperma, das zur Eianlage einer anderen Blüte gebracht werden muß, um sie zu befruchten. In den Eichen- und Kiefernwäldern der gemäßigten Breiten ist dieser Vorgang relativ einfach, aber in tropischen Regenwäldern, wo die einzelnen Bäume einer Art im ganzen Wald verteilt sind, um gegen Räuber und Pilzkrankheiten geschützt zu sein, ist der Prozeß komplizierter. Die in den gemäßigten Breiten so erfolgreiche Bestäubung durch den Wind ist hier nicht möglich – nicht nur wegen der längeren Entfernungen, sondern auch, weil die Luft unter dem dichten Blätterdach durch keinen Wind bewegt wird. Die Pflanzen des Regenwalds verlassen sich daher auf Insekten und andere Tiere, um bestäubt zu werden. Es muß ihnen irgendwie gelingen, oft über Entfernungen von mehreren hundert Metern Bestäuber

---

74 Mit Pollen beladene Prachtbiene beim Verlassen einer Orchidee, Costa Rica (David Thompson/OSF)

Die gegenseitige Abhängigkeit der Arten des Regenwalds findet ihren beispielhaften Ausdruck in der Beziehung zwischen mehreren Orchideentypen und ihren Bestäubern. Es liegt auf der Hand, daß viele Tiere hinsichtlich ihrer Nahrung auf Pflanzen angewiesen sind. In gleicher Weise sind viele Pflanzen auf Tiere, gelegentlich auf eine einzige Art, angewiesen, um sich zu vermehren. Die hier abgebildete Orchidee braucht zur Befruchtung die Aufmerksamkeit dieser männlichen Biene, die ihren Pollen auf eine andere Pflanze überträgt. Ihre ganze Struktur ist darauf angelegt, die Biene in ihr Inneres zu locken, um ihr den Pollen, den sie bereits trägt, zu entnehmen, und ihren eigenen Pollen an den Körper der Biene zu heften. Als Gegenleistung liefert sie der Biene exotische Duftstoffe, die die Biene ihrerseits benötigt, um weibliche Vertreter ihrer Art anzuziehen. Wie viele Pflanzen und Tiere des Regenwalds könnte weder die Orchidee noch die Biene ohne den anderen überleben – ein anschauliches Beispiel für die Komplexität des Ökosystems Regenwald.

anzuziehen; und als Antwort auf diese Herausforderung haben sie einige höchst präzise Methoden der Bestäubung entwickelt.

Typische Bestäuber sind kräftige Flieger, die ihre Nahrungssuche auf weite Entfernungen ausdehnen, wie Vögel, Fledermäuse, Schwärmer und große Bienen. Gute Flugeigenschaften allein genügen jedoch nicht. Die Bestäubung erfordert eine solche Präzision, daß die bestäubenden Tiere und die Pflanzen, die bestäubt werden, sich oft partnerschaftlich entwickeln. Der Kelch vieler von Kolibris bestäubten Blüten hat sich über Tausende von Generationen so entwickelt, daß er in Länge und Krümmung genau mit dem Schnabel der Vögel übereinstimmt, wie auch der Kelch der von Faltern bestäubten Blüten dieselbe Länge aufweist wie der Rüssel der Falter.

Bäume haben unterschiedliche Strategien entwickelt, um sich der Lebensweise ihrer Bestäuber anzupassen. Einige, wie *Tabebuia*, werfen alle ihre Blätter ab und produzieren dann auf einmal eine Masse gelber und violetter Blüten in einem dramatischen Schaueffekt, der Schwärme jener kleinen Bienen anzieht, auf die sie sich bei der Bestäubung verlassen. Andere mit größeren Bestäubern, wie Vögel oder Fledermäuse, verfolgen die Strategie, sehr wenige Blüten, vielleicht nur eine am Tag, zu produzieren. Der Hunger eines Bestäubers wird nicht von dem Nektar eines einzigen Baumes gestillt, und so muß er nach weiteren Bäumen suchen, um zu überleben. Von Fledermäusen bestäubte Pflanzen haben sich den Bedürfnissen ihrer nächtlichen Besucher angepaßt, indem sie weiße oder hellgefärbte Blüten ausbilden, die sich nachts öffnen und leicht zugänglich sind. Die Blüten enthalten überdies viel Nektar, um den beträchtlichen Appetit dieser großen, aktiven Geschöpfe zu befriedigen. Unter den vielen von Fledermäusen bestäubten Pflanzen des Regenwalds ist die pantropische Gattung *Parkia* eine der auffälligsten. Ihre Beziehung zu Fledermäusen ist dank der Arbeiten Dr. Helen Hopkins gut bekannt, die viele Stunden damit verbrachte, an Seilen in das Blätterdach des Regenwalds zu klettern und von dort ihre Aktivitäten zu beobachten. *Parkia*-Arten produzieren Blütenstände, die an Bommel erinnern und bei manchen Arten in langen Stielen von der Baumkrone herabhängen (ein weitverbreitetes Merkmal bei von Fledermäusen bestäubten Bäumen, da die Tiere in dem dichten Blätterdach nicht gut fliegen können, ohne ihre Flügel zu verletzen), während sie bei anderen die Krone überragen. Jeder Blütenstand besitzt eine Masse pollentragender Staubgefäße, die über die ganze Oberfläche verteilt sind, so daß die Haut einer Fledermaus, die auffliegt, um Nektar aus den oberen oder unteren Bommeln zu saugen, buchstäblich mit Pollen bedeckt ist, der auf diese Weise unvermeidlich zur nächsten Traube transportiert wird. Da sich die Blütenstände bei jedem Baum zu unterschiedlichen Zeiten öffnen, müssen die Fledermäuse von Baum zu Baum fliegen, um genügend Nahrung zu finden, und bewirken so die erstrebte Fremdbestäubung.

In den amerikanischen Regenwäldern ernährt sich eine Gruppe von Fledermäusen, die Microchiroptera, von Nektar, während in der Alten Welt eine andere, entfernt verwandte Ordnung, die Megachiroptera, die Blüten besucht. Die von Fledermäusen bestäubten Pflanzen haben sich jedoch so gut den Bedürfnissen ihrer Bestäuber angepaßt, daß sie selbst dann von Fledermäusen erkannt und besucht werden, wenn sie von einem Kontinent auf einen anderen verpflanzt werden, wie das Beispiel der in Südamerika heimischen und nach Indonesien exportierten Kalebasse zeigt.

Nicht alle in der Nacht blühenden Pflanzen werden von Fledermäusen bestäubt. Auch die von Nachtfaltern bestäubten Pflanzen bilden weiße Blüten aus, die einen starken süßlichen Geruch verbreiten und ihren Nektar in langen Röhren oder Spornen verbergen. *Tanaecium nocturnum* ist eine Liane, die von den Paumari-Indianern als halluzinogene Schnupfdroge verwendet wird. Nur ein Schwärmer ist imstande, die Pflanze zu bestäuben, denn von allen Nachttieren ist er das einzige, das nicht auf der zarten, röhrenförmigen Blüte zu landen braucht, sondern in der Nähe schwirren bleiben kann, um mit seinem langen Rüssel in sie einzudringen und den Nektar am Boden der 17 Zentimeter langen Röhre aufzusaugen.

Obwohl viele Pflanzen des Regenwalds von Nachttieren besucht werden, öffnen die meisten ihre Blüten bei Tage und werden vor allem von Bienen, Schmetterlingen und Vögeln bestäubt. Die Bienen erfüllen die notwendigen Voraussetzungen für Bestäuber, da sie große, kräftige Flieger sind, die weite Wege bei ihrer Nahrungssuche zurücklegen. Der Ökologe Daniel Janzen fand heraus, daß Prachtbienen in ihr Nest zurückkehrten, als sie in einer Entfernung von 23 Kilometern freigelassen wurden. Da große Prachtbienen, zusammen mit Holzbienen und Hummeln, regelmäßige tägliche Routen haben, denen sie gewissenhaft von einem Blütenbaum zum anderen folgen, sind sie die Bestäuber vieler Regenwald-Arten.

Der Paranußbaum produziert große gelbe Blüten, die von einer zusammengerollten Haube verschlossen werden. Um Zugang zu dem Nektar unter der Haube zu bekommen, muß die Biene sie anheben: eine Aufgabe, der nur große Bienen – vor allem die weiblichen Prachtbienen – gewachsen sind. Wenn sie die Haube anheben, drückt ihr Rücken sich gegen die pollentragenden Staubgefäße, so daß der Pollen daran haften bleibt und anschließend von Blüte zu Blüte getragen wird. Der Tauari-Baum, ein brasilianischer Verwandter des Paranußbaums, besitzt eine noch komplexere, doppelt zusammengerollte Haube, aus der nur die Prachtbiene, deren Rüssel genau so lang ist wie der gewundene Eingang, Nektar ziehen kann.

Die männlichen Prachtbienen sind solitäre Wanderer, die eine besondere Beziehung zu Orchideen entwickelt haben. Sie besuchen die Blüten, um Duftstoffe zu sammeln, die sie in Taschen an ihren geschwollenen Hinterbeinen packen. Dabei nehmen sie ungewollt den Pollen der Orchidee mit, der an den Hinterbeinen haften bleibt und auf diese Weise von Blüte zu Blüte getragen wird. Sobald sie genug Duftstoffe gesammelt haben, bilden die leuchtend gefärbten Bienen einen Schwarm, der eine Reihe komplizierter Flug- und Summrituale ausführt, um die weiblichen Bienen zur Paarung anzulocken. Die Paranußbäume sind bei ihrer Bestäubung also nicht nur auf die Prachtbienen, sondern auch auf das Vorkommen der richtigen Orchideenart angewiesen, die den männlichen Bienen die zur Fortpflanzung notwendigen Duftstoffe liefert.

Von allen Regenwald-Pflanzen auf den drei tropischen Kontinenten sind Feigen am weitesten verbreitet, von den an Kathedralen erinnernden Banyans mit ihren vielen Stämmen und Stützwurzeln bis zu den Würgerfeigen, die ihre Wirtsbäume umranken und schließlich ersticken. Keine andere Baumfamilie hat sich in so enger Ko-Evolution entwickelt. Feigen und ihre Wespenbestäuber sind so eng miteinander verbunden, daß jede Feigenart ihre eigene Wespenart hat, die den größten Teil ihres Lebens in der Feige verbringt. Die beiden Organismen sind völlig voneinander abhängig.

Die junge Feige ist eigentlich ein geschlossener Blütenstand, der drei Arten von Blüten enthält: weibliche Blüten, die den Samen produzieren; eine kleinere Anzahl von männlichen Blüten, die den Pollen erzeugen; und Gallenblüten, die nur dazu dienen, die Eier und Larven der Wespen zu verwahren. Wenn die weiblichen Blüten – einige Wochen vor den männlichen – zur Reife gelangen, dringen die mit Pollen beladenen Wespen durch einen eigenen verborgenen Eingang in die Feige ein. Die weiblichen Wespen legen ihre Eier in den Gallenblüten ab und sterben dann. Wenn die männlichen Blüten, je nach Art 15 bis 100 Tage später, zur Reife gelangen, taucht, zeitlich genau abgestimmt, die nächste Generation von Wespen aus den Gallenblüten auf. Die flügellosen männlichen Wespen paaren sich mit den weiblichen und bohren dann ein Loch durch die Feigenhaut, durch das die Weibchen ins Freie gelangen können. Damit ist ihre Funktion erfüllt, und sie sterben. Mittlerweile suchen die weiblichen Wespen in den männlichen Blüten nach Pollen, laden ihn in besonders dafür vorgesehene Körperstrukturen und fliegen zu einer anderen Feige, die sich in der weiblichen Phase befindet, um den Pollen dort abzuladen und den Zyklus von neuem zu beginnen. Sie müssen zu einem anderen Baum fliegen, da die jeweiligen Phasen der Pflanzen zeitlich aufeinander abgestimmt sind; so wird sichergestellt, daß eine Bestäubung stattfindet.

Andere Pflanzen des Regenwalds verlassen sich bei der Bestäubung auf die unterschiedlichsten Tiere und bedienen sich dabei äußerst sinnreicher Methoden. So gibt es den Blatthornkäfer, der einen Tag lang in der Blüte bestimmter Annonagewächse gefangengehalten wird, bevor er mit Pollen beladen freigelassen wird; die vielen Schmetterlinge, die die schlanken, zarten Waldblüten und die pinselähnlichen Blüten der Langfadengewächse besuchen; oder die Reisratten, die in den Nebelwäldern von Costa Rica Nektar aus *Blakea*-Blüten saugen. Aber die wenigen Beispiele, die hier beschrieben wurden, zeigen, daß die reiche Vielfalt der Regenwald-Bäume auf eine gleiche Vielfalt von Tieren angewiesen ist. Die Bestäubung, d. h. die Übertragung winziger staubähnlicher Körner von einer Pflanze auf eine andere Pflanze der gleichen Art über eine Entfernung von Hunderten von Metern, ist kein zufälliges Ereignis im Regenwald. Sie wird nur ermöglicht, weil Pflanzen und Tiere sich zusammen in einer gegenseitigen Abhängigkeit entwickelt haben, die sich nicht nur auf ihre Struktur und ihre Chemie, sondern auch auf die zeitliche Übereinstimmung vieler Ereignisse in ihrem Lebenszyklus auswirkt.

---

75 Wilder Ingwer in Blüte, Malaysia (Ken Preston-Mafham/Premaphotos)
Die mit Nektar gefüllten Tragblätter dieses Ingwergewächses ziehen Ameisen an, die wahrscheinlich die Pflanze davor bewahren, gefressen zu werden, sie aber nicht bestäuben. Vor größeren fliegenden Säugetieren durch ihren Standort am dunklen Waldboden geschützt, wird die Ingwerblüte vermutlich von Fliegen bestäubt.

75

76 

76 Blühende Bäume im Blätterdach, Südamerika

(Tony Morrison/South American Pictures)

Blüte im Blätterdach, Atlantischer Regenwald, Brasilien

(Luiz Claudio Marigo)

Anders als in Wäldern der gemäßigten Zone stehen in Regenwäldern die Bäume einer Art gewöhnlich weit voneinander entfernt. So sind die Pflanzen mit einem Problem konfrontiert: Ihre Bestäuber müssen direkt von einem Baum zu einem anderen derselben Art fliegen, obgleich beide oft durch große Entfernungen voneinander getrennt sind. Viele Baumarten lösen das Problem durch eine Strategie, die als „Knalleffekt" bezeichnet werden kann, und beginnen zur gleichen Zeit zu blühen. Ihre Blüten kontrastieren lebhaft mit dem grünen Hintergrund und ziehen Massen von Insekten an. Da nur verhältnismäßig wenig Bäume zeitgleich in Blüte stehen, wird sichergestellt, daß die Insekten direkt von einem dieser Bäume zum nächsten fliegen und ihn auf diese Weise bestäuben.

78

78 Purpurblüte einer Passionsblume, Costa Rica
(Michael und Patricia Fogden)
Wie viele Blumen in tropischen und gemäßigten Klimaten scheiden die Passionsblumen einen süßen, flüssigen Nektar aus, der reich an Nährstoffen und ein verlockender Köder für zahlreiche Bestäuber ist. Wenn ein Tier diesen Nektar trinkt, nimmt es automatisch Pollen aus der Blüte auf.

79

79 Stachellose Bienen an einem Nest mit „Honigtöpfen", Panama
(Sean Morris/OSF)
Die meisten Pflanzen müssen ihren prospektiven Bestäubern eine Belohnung bieten, um sie anzuziehen. Der energiereiche Nektar ist ein häufig benutzter Köder; aber diese Stachellosen Bienen, eine von vielen Arten in den amerikanischen und afrikanischen Regenwäldern, suchen auch den Pollen selbst. Aus dem Nektar machen die Bienen Honig, um ihn in den hier abgebildeten, u. a. aus Baumharz geformten „Honigtöpfen" zu speichern, während sie mit den Pollen ihre junge Brut füttern – die zukünftige Bienenkolonie.

80

80 Riesenblume *(Rafflesia)*, Sumatra (Andrew Mitchell)
Die Riesenblume wächst in Südostasien. Sie ist die größte Blume der Welt und kann einen Durchmesser von 90 Zentimetern aufweisen. Sie schmarotzt auf den Wurzeln von Lianen; die Blüte ist der einzige Pflanzenteil, der oberhalb des Bodens zu sehen ist. Rafflesien ziehen Bestäuber durch ihren Geruch an; aber im Gegensatz zu den süßduftenden, von Bienen und Schmetterlingen bestäubten Pflanzen riecht diese Blüte, die von Fliegen bestäubt wird, nach verfaultem Fleisch. Ihre Lockfarben ahmen auch die eines auf dem Boden liegenden Kadavers nach.

81

81 Passionsblüte und -frucht, Costa Rica

(Michael und Patricia Fogden)

Von Vögeln bestäubte Blüten sind in der Regel groß und rotgefärbt, da Vögel für diese Seite des Spektrums besonders empfindlich zu sein scheinen und von leuchtenden Farben angezogen werden. Solche Blüten verströmen meist auch keinen starken Duft, da optische Reize für Vögel wichtiger sind als olfaktorische. Am Amazonas sind Kolibris die Hauptbestäuber. Ihr ökologisches Äquivalent, die Nektarvögel, bestäuben die Blüten der afrikanischen und asiatischen Wälder, während in den indo-australischen Gebieten die Honigfresser diese Funktion übernehmen.

82

82 Blüte des Kalebassenbaums, Trinidad
(Ken Preston-Mafham/Premaphotos)
Dieser Baum, dessen Früchte in den Tropen häufig als Trinkgefäße und Krüge verwendet werden, wird von Fledermäusen bestäubt. Die Blüten sind in vollkommener Weise an diese Tiere angepaßt: Sie sind blaß und bis zum Rand mit Nektar gefüllt. Am Tage geruchlos, verströmen sie nachts einen starken Duft nach auslaufendem Käse, der die Fledermäuse anzieht. Offensichtlich ist ihre Strategie äußerst erfolgreich: Nicht selten wird jede Blüte des Baumes bestäubt und entwickelt sich zu einer Frucht – man beachte die jungen Kalebassen, die sich unter der Blüte auszubilden beginnen.

83

83 *Parkia* Blüte, Kamerun
(Phil Agland)
Einige von Fledermäusen bestäubte Blüten, wie diese *Parkia*, machen sich dadurch leichter zugänglich, daß sie auf langen Stielen unter dem Blätterdach wachsen, wo ihre Bestäuber sich weniger der Gefahr aussetzen, ihre empfindlichen Flügel zu verletzen. Die „Rasierpinsel"-Form ist typisch für Blüten, die häufig von Fledermäusen aufgesucht werden: Wenn die Tiere auffliegen, um den Nektar der *Parkia* zu schlürfen, reiben sie mit der Brust über die mit Pollen bedeckten Staubgefäße.

84

85

84 Orchidee, Peru
(Gunter Ziesler/Bruce Coleman Ltd.)

85 Orchidee, Costa Rica
(Peter Ward/Bruce Coleman Ltd.)

86 Orchidee, Australien
(Leo Meier/Weldon Trannies)

87 Orchidee, Brasilien
(Brian Rogers/Biofotos)

86

87

88

88 Orchidee, Südamerika
(James Carmichael/NHPA)
Die Orchideen des Regenwalds sind in vielen Fällen auf einen einzigen Bestäuber angewiesen, um die Erhaltung ihrer Art zu sichern. Wie auf Seite 82 gezeigt, ziehen Farbe und Duft die Bienen an, aber es ist die Gestalt und Form der Blüte, die eine Befruchtung gewährleistet. Viele Orchideen bilden äußerst komplizierte Strukturen mit Klappen, Pforten, Hauben, Haken und feinen Stacheln aus, die alle dazu dienen, den Pollen einer anderen Pflanze vom Körper einer in die Blüte eingedrungenen Biene abzustreifen und ihr den eigenen Pollen mitzugeben, bevor sie wieder fortfliegt.

89

89 Graubrust-Eremit, Südamerika
(Konrad Wothe/Bruce Coleman Ltd.)

90 Kolibri an einer Passionsblume
(Michael und Patricia Fogden)

91 Langschwanz-Eremit an einer Heliconia-Blüte, Costa Rica
(Michael Fogden/Bruce Coleman Ltd.)

Kolibris sind eigentlich keine Vögel des Regenwalds, obwohl viele der 235 südamerikanischen Arten in tropischen Regenwäldern leben, wo sie sich von dem konzentrierten Nektar ernähren, der ihrer hohen Stoffwechselrate die nötige Energie liefert. Einige sind hochspezialisierte Bestäuber. Ihre langen Schnäbel sind häufig genau den Blüten angepaßt, von denen sie sich ernähren – ein bemerkenswertes Beispiel für eine Ko-Evolution, die sicherstellt, daß nur ein Bestäuber den Nektar erreichen kann.

90

91

92

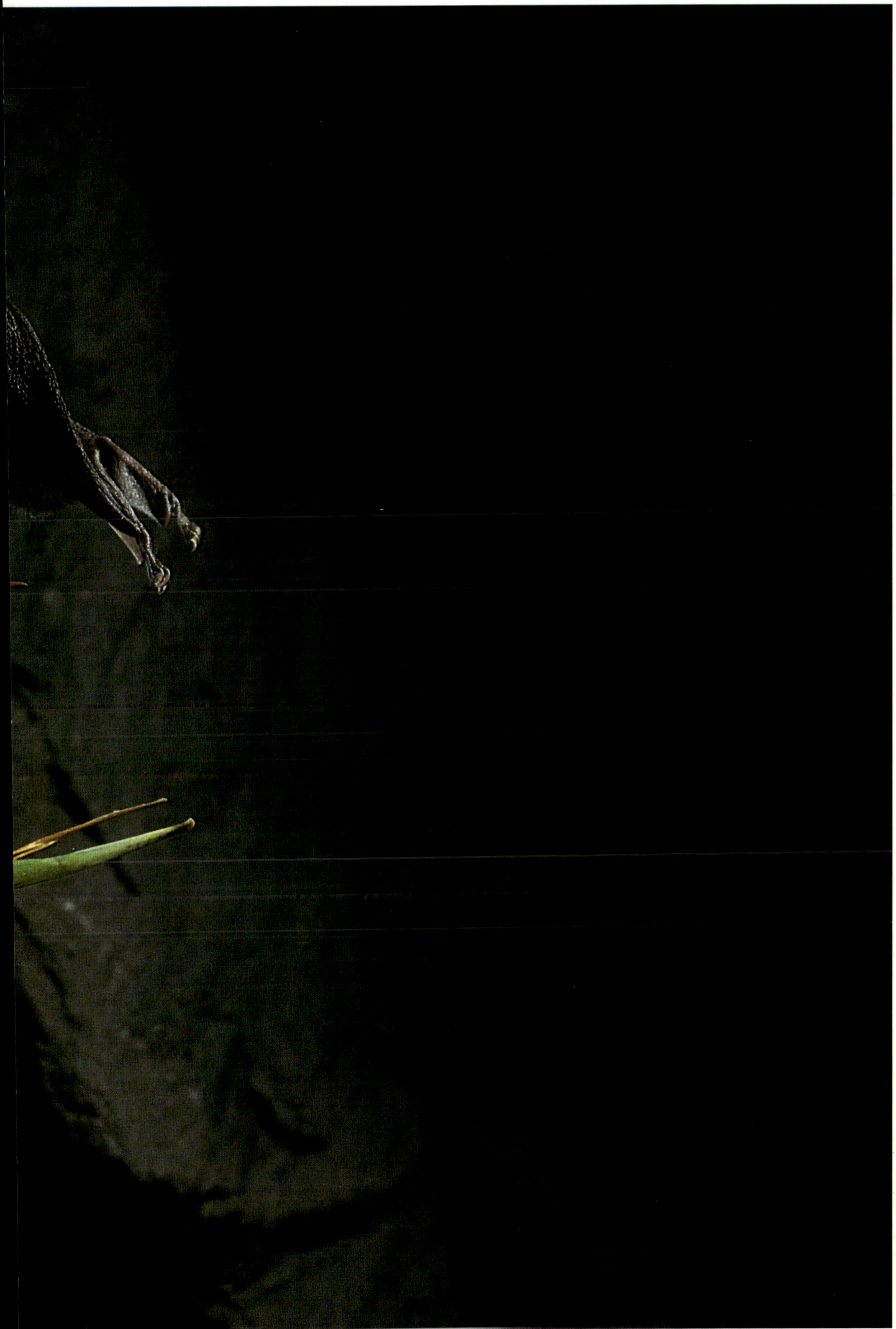

92 Geoffroy-Langzüngler, Südamerika

(Stephen Dalton/NHPA)

Viele Bäume des Regenwalds sind hinsichtlich ihrer Vermehrung auf Fledermäuse angewiesen. Fledermäuse orten die Blüten durch Schall und können zahlreiche Pflanzen in einer Nacht besuchen, wobei sie sich nur wenige Sekunden bei jeder Blüte aufhalten. Der Pollen wird in der Regel auf die Haut der Tiere übertragen, während sie sich an die Pflanzen klammern, um den Nektar aufzusaugen. Aber einige Fledermäuse, wie die hier abgebildete, schweben wie Kolibris über der Blüte und nehmen den Nektar mit ihrer langen Zunge auf.

93

93 Eulaema-Orchisbiene beim Anflug auf eine Orchidee, Peru
(Michael Fogden/OSF)
Männliche Orchisbienen sammeln – als Teil ihres Werbungsverhaltens – Duftstoffe aus Orchideen, die sie dabei unabsichtlich bestäuben. Einige dieser Bienen bilden dann einen Schwarm und vollführen ein kompliziertes Werbungsritual, bei dem sie die Duftstoffe freisetzen und das dazu dient, Weibchen anzuziehen. Die Weibchen ihrerseits sind die Hauptbestäuber des Paranußbaumes, der eines der bekanntesten Waldprodukte liefert. So sind die Beziehungen zwischen den einzelnen Arten im Regenwald außerordentlich fein miteinander verwoben. Da die männliche Biene auf die Duftstoffe der Orchidee angewiesen ist, um Weibchen anzuziehen und sich zu vermehren, ist die Paranuß letzten Endes auf die Orchideen angewiesen, um sich zu vermehren.

94

94 Parasitäre Wespe bei der Eiablage, Südamerika
(Michael und Patricia Fogden)
Die Beziehungen zwischen Feigen und ihren Bestäubern gehören zu den komplexesten im Regenwald. Es gibt viele verschiedene Feigenarten in den Regenwäldern der Welt, und jede wird von einer bestimmten Wespe bestäubt. Feige und Wespe sind hinsichtlich ihres Überlebens vollkommen voneinander abhängig. Eine schmarotzende, nicht-bestäubende Wespe, die hier ihre Eier in eine Wespenlarve im Inneren der Feige legt, ist ebenfalls sowohl von der Feige als auch von der Wespe abhängig. Aber die Beziehungen zwischen Feige und Wespe weisen noch weitere Implikationen auf: Die Feige ist einer der wichtigsten Fruchtträger im Wald und bietet einer Vielzahl von Tieren Nahrung. So leisten die Feigenwespen einen wesentlichen Beitrag, um das Ökosystem des Waldes zu erhalten.

95 *Dircenna dero* auf einer Blüte, Peru

(Ken Preston-Mafham/Premaphotos)

Die Blüten dieses zarten Rankengewächses sind perfekt ausgebildet, um Schmetterlinge anzuziehen. Sie sind weiß, damit sie in der dunklen unteren Waldschicht in der sie wachsen, gut zu sehen sind, und der Nektar – sowie die Reproduktionsorgane – befindet sich tief in ihrem Inneren. Die röhrenförmige Blüte ist für die meisten Einlaß suchenden Insekten zu klein, bietet jedoch dem langen Rüssel des Schmetterlings einen bequemen Zugang.

95

96

96 Ein Schwalbenschwanz auf einer Asclepias-Blüte

Trinidad (Ken Preston-Mafham/Premaphotos)

Obgleich diese Blüte häufig von Schmetterlingen aufgesucht wird, die sich von Nektar ernähren, sind ihre eigentlichen Bestäuber Wespen. In einem Versuch, etwas für nichts zu bekommen, ahmt eine Orchideenart die Asclepias nach: Sie

97

97 ***Lantana camara*-Blüte, Peru** (Ken Preston-Mafham/Premaphotos)
Diese Pflanze wird, wo sie auch blüht, ständig von Schmetterlingen besucht, für die sie in idealer Weise ausgebildet ist. Sie produziert reichlich Nektar und wächst überall in den Tropen. Obgleich ihre Heimat in Südamerika liegt, hat sie jetzt sämtliche Kontinente besiedelt, von Afrika bis Asien und Australien, wo sie – teilweise durch den Eifer der Schmetterlinge, sie zu bestäuben – wie Unkraut gedeiht und zu einer Plage geworden ist.

Kapitel 5

Ausbreitung der Samen – die Saat der Zukunft

Dr. Caroline Pannell

Eine Blüte, die erfolgreich befruchtet worden ist, verwandelt sich im Laufe der Zeit in eine Frucht, die die Samen zukünftiger Generationen in sich birgt. Diese Samen müssen auf irgendeine Weise in alle Ecken des Waldes verbreitet werden. In der Regel nützen die Regenwald-Pflanzen die Bedürfnisse der Tiere zu ihrem eigenen Vorteil aus: Sie produzieren süße und saftige, aromatische und leuchtend gefärbte Früchte, die von vielen Tieren gefressen werden. Dadurch erlangen die in ihnen enthaltenen Samen eine weite Ausbreitung. Doch die Strafe für dieses Vorgehen ist hoch, da die verlockenden Früchte nicht nur von Samenausbreitern, sondern auch von Samenzerstörern gefressen werden.

Es ist von entscheidender Bedeutung für das Überleben eines Waldes, daß die von adulten Pflanzen produzierten Samen sowohl von ihren Mutterpflanzen als auch voneinander weggetragen werden, da sonst die Gefahr besteht, daß die jungen Sämlinge zu dicht beieinander wachsen und nicht genügend Raum und Licht haben, um sich zu entwickeln. In einem solchen Fall sind sie auch wehrlos den Angriffen von Pilzen oder Insektenlarven und anderen Tieren ausgesetzt, die sich von den Blättern, Stielen oder jungen Trieben ernähren, so daß destruktive Organismen direkt von der Mutterpflanze in die Sämlinge und von einem Sämling in den anderen gelangen können. Dies ist überdies die einzige Phase im Lebenszyklus einer Pflanze, in der sie einen neuen Standort gewinnen kann; und wenn die Nachkommen verschiedener Individuen einer Population in der richtigen Entfernung voneinander wachsen, wird die anschließende Bestäubung und Befruchtung wahrscheinlich dazu führen, daß kräftigere und erfolgreichere Abkömmlinge entstehen.

Die meisten Pflanzen des Regenwalds werden von Tieren verbreitet, beispielsweise von Ameisen, Fischen, Reptilien, Vögeln, Fledermäusen und fluguntauglichen Säugetieren wie Primaten, Hirschen, Schweinen, Bären, Schleichkatzen, Nagetieren, Tigern und Elefanten. Jede Pflanzenart hat ihre eigenen ökologischen Bedürfnisse und ihren eigenen komplexen Lebens-

---

98 Palmenfrüchte und -blüten, Amazonas, Peru (Michael und Patricia Fogden)
Wie so oft im Ökosystem des Regenwalds sind am zweiten Stadium der Pflanzenreproduktion, der Samenausbreitung, sowohl Pflanzen als auch Tiere in engen wechselseitigen Beziehungen beteiligt. Pflanzen brauchen Tiere nicht nur, um sich zu vermehren, sondern auch, um ihre Abkömmlinge in andere Gebiete zu tragen. Sämlinge, die zu nahe bei der Mutterpflanze wachsen, sind aus mehreren Gründen gefährdet. So ist eine möglichst weite Ausbreitung der Samen dringend erforderlich. Doch zuvor müssen dazu Tiere angelockt werden.

zyklus, an dem oft verschiedene Tiere beteiligt sind, von denen jedes zahlreichen anderen Pflanzenarten als Bestäuber oder Verteiler dienen kann und wiederum andere als Nahrungsquellen oder Ruheplatz benutzt. Wenn man die Interaktionen zwischen all diesen Arten betrachtet, wird deutlich, wie komplex das Netz gegenseitiger Beziehungen zwischen Pflanzen und Tieren ist.

Bei den Mahagonibäumen der Gattung *Aglaia* dienen beispielsweise die Früchte mehrerer Arten ebenso Primaten und Vögeln wie Fledermäusen und anderen Säugetieren als Nahrungsquelle. Diese große Gattung von mehr als hundert Arten ist in den Regenwäldern des Fernen Ostens, von Indien bis zu den pazifischen Inseln und von Südchina bis nach Australien, weit verbreitet; sie ist besonders häufig in Thailand, auf der Malaiischen Halbinsel, auf Sumatra, Borneo und Neuguinea zu finden. An all diesen Orten, mit Ausnahme Neugineas (wo Primaten nicht vorkommen), werden *Aglaia*-Arten von Affen, Gibbons oder – auf Sumatra und Borneo – von Orang-Utans verbreitet.

Die Früchte dieser Arten hängen in großen Büscheln von den Zweigen herab und sind den Primaten leicht zugänglich, die die ungenießbare Fruchtwand mit ihren Händen und Zähnen aufbrechen, um an das Fruchtfleisch zu gelangen. Häufig sind diese Früchte orangerot gefärbt – eine Farbe, die vermutlich für Primaten besonders attraktiv ist –; ihr Fleisch riecht auch für menschliche Nasen gut und ist süß, da es Zucker und süßschmekkende Aminosäuren besitzt. Das Fleisch haftet fest an den Samen, die deshalb mit verschluckt werden; der reproduktive Teil der Samen wird jedoch nicht verdaut, sondern mit dem Kot ausgeschieden und kann so an anderer Stelle aufkeimen.

Für Vögel sieht die Geschichte anders aus. Die Früchte der von Vögeln verbreiteten Arten hängen gewöhnlich an einem kräftigen Ast oder Zweig, auf dem die Tiere sich niederlassen können. Die schützende äußere Schicht bricht auf, wenn die Frucht reif ist, so daß die Samen offenliegen und einzeln von den Vögeln aufgepickt werden können. Bei einigen Arten enthält die eßbare äußere Schicht der Samen mehr Öl, als in fast jedem anderen Pflanzengewebe zu finden ist. Während also die von Primaten bevorzugte Frucht den Hunger nach Süßem befriedigt, liefert die von den Vögeln begehrte Frucht eine hochkonzentrierte Energiequelle in Form eines maximalen Nährwerts bei minimalem Gewicht – ein wichtiger Vorteil für Flugtiere. Die Vögel verschlucken den ganzen Samen, aber ihr Darm entfernt schnell das nahrhafte, ölige Fleisch, das in diesem Fall nicht fest am Rest des Samens haftet, und der gesäuberte Samen wandert durch den Darm, um mit dem Kot ausgeschieden zu werden. Diese Früchte werden von einer farblich kontrastierenden Schicht umhüllt – eine für Vögel anziehende rosa- oder ziegelrote Oberfläche verbirgt ein weißes Inneres mit den Samen und dem mit einer roten Haut bedeckten Fleisch. Die Samen variieren in ihrer Größe. Viele kleinere Vögel wie Bülbüls, Bartvögel und Breitrachen können nur die kleinen schlucken, während Tauben und Nashornvögel auch die großen aufnehmen können.

Da Vögel und Primaten in der Regel die Samen erst ausscheiden, nachdem sie sich von dem Baum entfernt haben, auf dem sie sie verzehrten, werden die Samen von der Mutterpflanze fortgetragen – vielleicht nur zehn Meter (obgleich es auch hundert sein können), aber auch mehrere Kilometer weit, wie beim Nashornvogel. Gelegentlich bleiben die Samen im Körper eines Tiers, während dieses auf seiner Wanderung Hunderte von Kilometern zurücklegt. Je größer das Tier (Elefanten sind zum Beispiel in einigen afrikanischen Wäldern wichtige Verteiler), desto länger sind in der Regel die zurückgelegten Entfernungen.

Viele Arten tragen ähnliche Früchte; aber es gibt auch eine ganze Reihe von Früchten, die die Tiere auf andere Weise anziehen. So zieht in einigen langsam wachsenden Pflanzen ein öliger Auswuchs auf den Samen Ameisen an, die ihre Hauptverteiler sind.

Manche Früchte sind an der Außenseite fleischig und genießbar, besitzen aber eine Fruchtwand, die eine feste Schicht um den Samen bildet, um ihn vor den Verdauungssäften zu schützen. Bei einigen großen Regenwald-Bäumen, die die Luftströme über dem Blätterdach ausnutzen können, besitzt die Frucht überhaupt kein Fleisch. Statt dessen haben die Samen Flügel und werden durch den Wind verbreitet. Bei anderen Samen ist die Fruchtwand korkig, so daß die Früchte von Fluß- oder Meeresströmen fortgetragen werden.

Die wichtigste einzelne Nahrungsquelle für die fruchtfressenden Tiere der tropischen Regenwälder sind die Feigen. Ein beliebiges Waldgebiet kann zwanzig verschiedene Feigenarten enthalten, von kleinen Bäumchen bis zu den gewaltigen Würger- oder Banyanfeigen, die tonnenweise Früchte tragen. Fast jedes fruchtfressende Tier, das fliegen oder klettern kann, besucht diese Riesenbäume, um sich an den Früchten gütlich zu tun, während viele andere Tiere sich von denen ernähren, die zu Boden gefallen sind. In Mittelamerika sind 26 Vogelarten aus zehn Familien beobachtet worden, die die Früchte einer einzigen Art verzehren, und in Westmalaysia gibt es 32 Arten von Vertebraten, die sich von nur einer Feigenart ernähren. Feigensamen sind sogar in größeren Mengen im Magen des in Amazonien heimischen Fisches *Triportheus elongatus* gefunden worden.

Da ihr Bestäubungssystem äußerst komplex ist, trägt keine Feigenart alle Früchte zur gleichen Zeit, sondern sukzessive verteilt auf das ganze Jahr. Wenn Feigen nicht auf diese Weise verfügbar wären, würde der Wald die fruchtfressenden Tiere nicht in ihrer gegenwärtigen Fülle und Vielfalt erhalten können, was wiederum heißen würde, daß weniger Tiere zur Verfügung stünden, um die Samen anderer Pflanzenarten zu verbreiten.

Feigensamen werden so effizient verteilt, daß sie fast überall innerhalb des Verbreitungsgebietes der Gattung zu finden sind. Dieses wirksame Verteilungssystem findet auch seinen Ausdruck in der Fülle von Feigen in den frühen Stadien einer Waldsukzession und in ihrer Artenvielfalt auf einigen neu entstandenen oder abgelegenen Inseln. Innerhalb von dreißig Jahren nach seiner Bildung haben zwölf Feigenarten einen Lavaausfluß auf dem Mount Cameroon in Westafrika kolonisiert. Feigen gehörten zu den ersten Bäumen, die auf Krakatau, einer vulkanischen Inselgruppe vor Java, nach dem Vulkanausbruch von 1883 erschienen. Neun Feigenarten haben sich auch erfolgreich auf der vulkanischen Insel San Tomé im Golf von Guinea angesiedelt, mehr als 300 Kilometer vom afrikanischen Festland entfernt. Die meisten Holzpflanzen auf San Tomé besitzen fleischige Früchte, die von den fruchtfressenden Vögeln und Fledermäusen, die die Insel kolonisierten, dorthin getragen sein müssen. Diese waldbildende Rolle der Verteiler, die in völlig neuen Lebensräumen wie vulkanischen Inseln stärker ins

Auge fällt, ist noch wichtiger – obgleich weniger leicht zu erforschen – in den schon bestehenden Regenwäldern des Festlands.

Außer diesen Tieren, die nur die fleischigen Teile der reifen Frucht fressen und den Samen nicht beschädigen, gibt es viele, die sich von den unreifen Früchten oder Samen ernähren. Die Samen vieler Waldbäume sind groß und reich an Nährstoffen, die dem Sämling zugute kommen, wenn er keimt. Einige Verteiler gewinnen ihre Nahrung nicht aus der Fruchtwand, sondern aus dem Samen selbst. Obgleich sie auf diese Weise viele der Samen vernichten, können sie auch unabsichtlich einige fallen lassen oder vergraben, die so die Möglichkeit erhalten zu keimen. Die große Mehrzahl der samenfressenden Tiere gehört nicht zu den Verteilern, und um solche Angreifer abzuwehren, enthalten manche Samen toxische oder bittere Chemikalien, oder sie werden von einer harten Fruchtwand oder Samenkapsel geschützt. Trotzdem werden viele Samen von Insektenlarven, besonders des Samenkäfers und des Rüsselkäfers, oder von Vertebraten wie Papageien und Hörnchen zerstört, die die Verteidigungsmaßnahmen der Pflanze dadurch überwinden, daß sie die toxischen Stoffe entweder entgiften oder die Schutzschicht, die den Samen umgibt, aufbrechen.

Selbst aus dieser kurzen Betrachtung der wechselseitigen Beziehungen im Ökosystem des Regenwalds ist wohl klar geworden, daß die alte Annahme, nach der sich die Regeneration der Bäume spontan und unabhängig von anderen lebenden Organismen vollzieht, revidiert werden muß. Bäume leben noch Dutzende oder Hunderte von Jahren ohne die Tiere weiter, auf die sie bei ihrer Vermehrung angewiesen sind. Aber wenn diese Tiere für immer verschwunden sind, sind die Bäume biologisch tot. Das volle Ausmaß der gegenwärtigen Zerstörung des Regenwalds kann vielleicht erst im 21. Jahrhundert ermessen werden; aber dann ist es zu spät, um herauszufinden, welche Beziehungen zwischen den Arten den Bestand des Waldes gewährleisteten – zu spät, um die relevanten Pflanzen und Tiere zurückzuholen.

---

99 Indischer Flughund, Sri Lanka (Stephen Dalton/NHPA)
Flughunde stellen oft die Hälfte aller in einem Regenwald lebenden Säugetiere, und viele von ihnen sind Fruchtfresser. Weil sie ihre Nahrung vorwiegend in flüssiger Form zu sich nehmen, tragen Flughunde die Früchte oft an einen sicheren Platz, wo sie den Saft aussaugen und die Samen fallenlassen. Nur sehr kleine Samenkörner werden mit dem Saft aufgenommen und später, wenn das Tier über den Wald fliegt, wieder ausgeschieden. Da sie die Samen vieler wichtiger Bäume ausbreiten, kann eine Verminderung der Zahl der Flughunde dazu führen, daß zahlreiche Baumarten verschwinden. Flughunde sind wegen ihres hochwertigen Fleisches in kleiner Zahl schon lange in den afrikanischen und indischen Wäldern gejagt worden. Mit dem zunehmenden Gebrauch von Schußwaffen gehen täglich mehr Flughunde verloren, und einige Arten sind bereits vom Aussterben bedroht.

100

100 Arakanga, Südamerika (Gerry Ellis/Ellis Wildlife Collection)
Viele Vögel fressen Früchte und verbreiten dadurch die Samen, die sie enthalten; aber es gibt andere, die die Samen fressen und zerstören. Die bekanntesten dieser Samenräuber sind die Papageien und Aras: Sie entfernen mit ihren Klauen und Schnäbeln das äußere Fruchtfleisch und zermalmen dann die Kerne. Die Schnäbel der Aras haben sich zu erstaunlich kräftigen Werkzeugen entwickelt, mit denen sie selbst die härtesten Schalen knacken können. Viele Papageien- und Araarten sind heute äußerst gefährdet, da sie in großen Mengen für den westlichen Tierhandel gefangen werden.

101

101 Quetzal, Nebelwald, Costa Rica
(Michael und Patricia Fogden)
Der seltene und prächtige Quetzal, der heilige Vogel der alten Mayas, ist heute in Gefahr auszusterben. Der Quetzal ist auf die wilde Avocado angewiesen, die er vorwiegend für seine Ernährung braucht. Gleichermaßen ist die Avocado auf den Quetzal angewiesen, der ihre Samen ausbreitet. Früher waren die Quetzals nicht bedroht, aber der Verlust ihrer Hauptnahrungsquelle infolge der Abholzung (Avocados liefern begehrte Nutzhölzer) sowie Wilderer, die die Vögel für den Touristenhandel ausstopfen, haben jetzt ihren Bestand ernsthaft dezimiert.

103

104

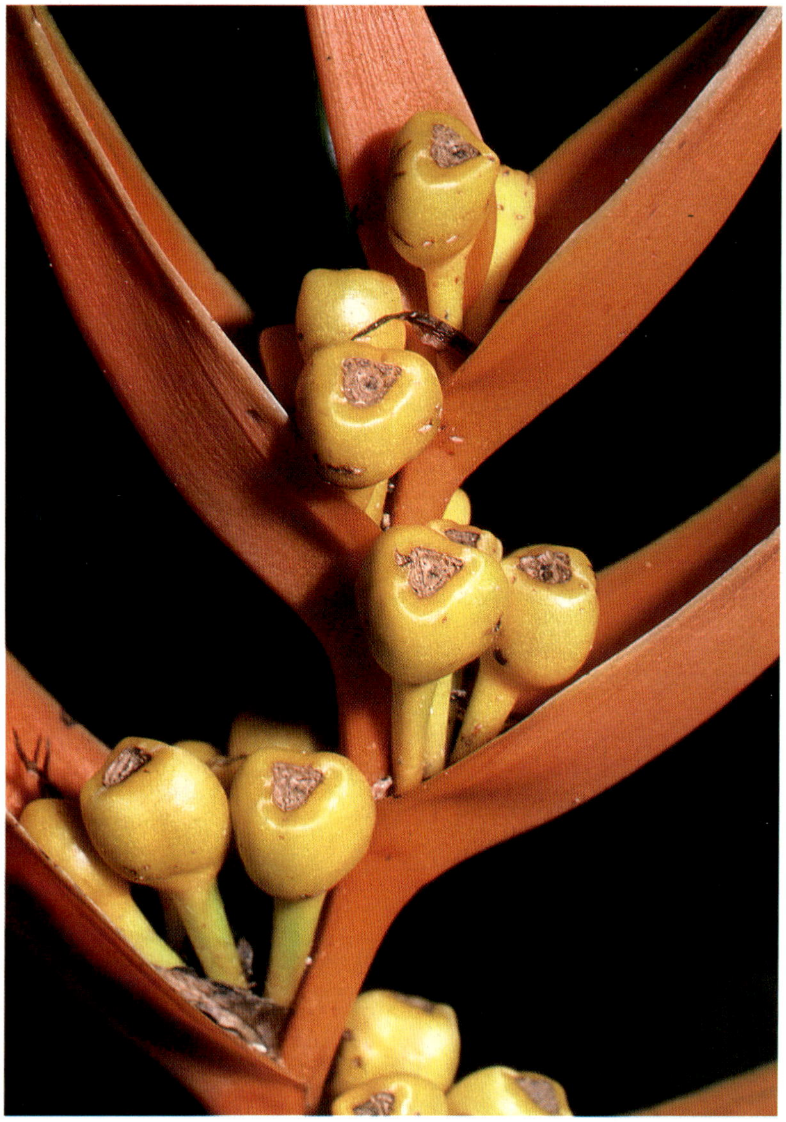

105

105 ***Heliconia*-Frucht, Venezuela** (Ken Preston-Mafham/Premaphotos)
Die schöne Heliconienblüte wird von Kolibris bestäubt und bildet dann kleine beerenartige Früchte aus. Die meisten Arten werden von Vögeln verbreitet, die häufig das untere Stockwerk des Waldes aufsuchen, in dem diese Pflanzen wachsen.

106 Palmenfrucht, Südamerika (Ken Preston-Mafham/Premaphotos)
Die vielen Palmenfruchtarten werden vorwiegend von Fledermäusen, Vögeln und kleinen Säugetieren verbreitet, die die auf den Boden gefallenen Früchte auflesen. In Afrika werden Flughunde jetzt stark bejagt, da sie wertvolle Früchte aus den Plantagen der ökonomisch wichtigen Ölpalme holen.

106

107 *Dianella*-Früchte, Borneo
(Ken Preston-Mafham/Premaphotos)

108 *Psychotria*-Früchte, Venezuela
(Ken Preston-Mafham/Premaphotos)
Es ist nicht genau bekannt, wer diese Früchte ausbreitet, aber ihre Größe (etwa die einer Hagebutte) legt die Vermutung nahe, daß sie von Vögeln gefressen werden. Eine afrikanische Verwandte der *Psychotria* wird nachweislich von Vögeln verbreitet.

107

108

109

109 ***Coccocypselum*****-Frucht, Trinidad** (Ken Preston-Mafham/Premaphotos)

110 ***Poikilospermum*****-Frucht, Sumpf, Malaysia** (Ken Preston-Mafham/Premaphotos)
Obgleich bekannt ist, daß bestimmte Farben bestimmte Tiere anziehen (so reagieren Vögel auf Rot, während Affen durch Orange angelockt werden), ist der Zweck dieser leuchtenden, in den gemäßigten Zonen unbekannten Blau- und Violettöne ungewiß. Möglicherweise ist Blau eine auffällige Farbe, wenn sie in der Dunkelheit der unteren Schicht des Waldes von oben beleuchtet wird, und zieht deshalb Vögel und Nagetiere an, die auf dem Waldboden ihre Nahrung suchen. Blau- und Violettöne ziehen nachweislich auch Vögel der Fasanenfamilie an, während Krähen und Stare durch helle und leuchtende Gegenstände angelockt werden.

110

111

112

113

111 „Kleine Zitronen", Costa Rica (Ken Preston-Mafham/Premaphotos)

112 *Dysoxylum*-Früchte und -Blüten, Neuguinea (Ken Preston-Mafham/Premaphotos)

113 *Medinilla*-Früchte, Borneao (Ken Preston-Mafham)

Manche Bäume bilden Blüten und Früchte direkt am Stamm aus. Ihre Blüten und Früchte sind in der Regel groß und leuchtend gefärbt, so daß sie in der Dunkelheit des unteren Stockwerks deutlich zu erkennen und bestäubenden und samenausbreitenden Tieren leicht zugänglich sind. Während ihre im Blätterdach blühenden Verwandten gewöhnlich nur bestimmte Tiere anlocken, machen sich diese Pflanzen ein ganzes „Gefolge" von Tieren zunutze, die unter dem Blätterdach leben: Ameisen und andere den Waldboden bewohnende Insekten, Fledermäuse (von denen viele die unteren, offeneren Gebiete des Waldes bevorzugen), bestimmte Vögel, die in der unteren Strauchschicht leben, und terrestrische Affen.

114

114 ***Hedychium*-Früchte, Borneo**
(Ken Preston-Mafham/Premaphotos)

115 Unidentifizierte Frucht, Venezuela
(Ken Preston-Mafham/Premaphotos)

Die hier abgebildeten Früchte sind aufgeplatzt, d. h. sie haben sich geöffnet, um die in ihnen befindlichen Samen freizulegen. In beiden Fällen kontrastieren die Samen mit dem freigelegten Inneren der Samenkapseln: Orange und Rosa in einem Fall, Rot und Schwarz im anderen. Solche lebhaften Farben ziehen Affen an, aber in noch stärkerem Maße Vögel, die fast ausschließlich auf optische Eindrücke angewiesen sind, um Nahrung zu finden, und die besonders von kontrastierenden Farben angezogen zu werden scheinen. Rot und Schwarz ist eine besonders häufige Kombination bei Früchten, die durch Vögel verbreitet werden.

115

117

116 Brotfrucht, Costa Rica
(Ken Preston-Mafham/Premaphotos)

117 Früchte der Rotangpalme, Australien
(Ken Preston-Mafham/Premaphotos)

Die Brotfrucht (116) ist für viele Menschen ein Hauptnahrungsmittel und wird jetzt überall in den Tropen angepflanzt – ohne Rücksicht auf die Bedürfnisse der Fledermäuse, ihrer Hauptverbreiter. Viele Menschen sind auch auf die Rotangpalmen angewiesen, die widerstandsfähigen Kletterpalmen Südostasiens, die zu Tauen, Möbeln und dergleichen verarbeitet werden. Es ist nicht bekannt, welche der Vögel, Fledermäuse, Hörnchen und Affen, die die Früchte fressen, sie auch ausbreiten, aber in einem gesunden Wald sind Sämlinge reichlich zu finden.

118

118 Früchte des Paranußbaums, Amazonien
(Steve Bowles)

Diese Früchte enthalten die bekannten Paranüsse. Wenn die Frucht reif ist, bricht der „Deckel" auf. Die äußerst harten Schalen der Nüsse innen widerstehen allen Räubern mit Ausnahme des Aguti (124). Doch obwohl das Aguti viele Samen zerstört, trägt seine Gewohnheit, die Nüsse zu vergraben und dann zu vergessen, dazu bei, sie zu verbreiten. Paranüsse gehören zu den wichtigsten tropischen Erzeugnissen und werden in großen Mengen exportiert.

119

119 Durch Regentropfen freigesetzte Sporen eines Bovisten

(Michael und Patricia Fogden)

Im Gegensatz zu den Blütenpflanzen des Regenwalds haben die meisten Pilze Strukturen ausgebildet, die die staubähnlichen Sporen der Pflanze verbreiten. Dieser Bovist, der in seiner Jugend weich ist, wird mit zunehmender Reife immer spröder und zerbrechlicher. Schließlich genügt ein auftreffender Regentropfen, um die äußere Kapsel zu sprengen und eine Wolke von Sporen freizusetzen, die so leicht sind, daß sie vom Wind weit weggetragen werden, um neuen Boden zu besiedeln.

120

121

120 Ervatamia-Frucht, Queensland, Australien (Ken Preston-Mafham)
In den australischen Wäldern, wo diese Frucht wächst, werden die Samen wie üblich von Fledermäusen und Vögeln verbreitet. Aber es gibt hier keine der Primaten, die in anderen Gebieten zu finden sind. Primaten spielen in der Regel eine bedeutende Rolle bei der Ausbreitung von Samen – einfach deswegen, weil sie so viele Früchte fressen. Hier wird ihr Platz im Ökosystem wahrscheinlich von fruchtfressenden Beuteltieren, Vögeln und Fledermäusen eingenommen.

121 *Racemosa*-Feigen, Australien (Ken Preston-Mafham/Premaphotos)
Es gibt eine riesige Zahl von Feigenarten. Sie stellen die wichtigste Nahrungsquelle für fruchtfressende Tiere im Regenwald dar. In Asien machen sie die Hälfte aller Früchte aus, die von den großen Primaten gefressen werden, und in Amazonien besteht 40 Prozent der Nahrung der Fruchtfresser aus Feigen. Sie werden wahrscheinlich von allen oder den meisten Tieren verbreitet, die sie fressen, und sind höchst erfolgreiche Pflanzen. Ohne die Feigen wäre der Wald nicht in der Lage, die große Vielfalt fruchtfressender Vögel, Affen, Fledermäuse und anderer Säugetiere zu zu ernähren, die sein Leben so bereichern.

122

123

124

122 Totenkopfaffchen, Südamerika (Konrad Wothe/Bruce Coleman Ltd.)

123 Geoffroy-Klammeraffe, Costa Rica (Konrad Wothe/Bruce Coleman Ltd.)
Die Nahrung dieser beiden Affen besteht zu 80 Prozent aus Früchten. Affen lieben große, leuchtend gefärbte und duftende Früchte, die sie oft auf ihren Reifezustand prüfen, bevor sie sie probieren. Als Samenverbreiter sind sie nicht besonders effizient, da sie oft nur einen oder zwei Bissen von einer Frucht abbeißen und sie dann zu Boden fallenlassen. Doch manchmal ziehen sie sich zurück, um zu fressen, und einige Affenarten besitzen Backentaschen, in denen sie Früchte aufbewahren. Nur sehr kleine Samen werden zusammen mit den Früchten verzehrt und dann mit den Exkrementen ausgeschieden.

124 Aguti, Brasilien (Nick Gordon)
Das Aguti ist ein großes Nagetier mit einem unersättlichen Appetit auf Samen und Sämlinge. Es wird von dem Geräusch fallender Früchte angezogen. Obgleich es jeden Samen zerstört, den es zu sich nimmt, legt das Aguti in Zeiten des Überflusses einen Vorrat von Samen an, den es vergräbt, um davon zu zehren, wenn es weniger Nahrung findet. Häufig vergißt das Tier jedoch seinen Schatz und trägt so zur Verbreitung vieler Samenarten bei.

Kapitel 6

Größer, auffälliger, lauter – Signale im Regenwald

Jonathan Kingdon

Regenwald-Pflanzen haben, wie wir gesehen haben, zahlreiche Methoden entwickelt, um sich bemerkbar und anziehend für die Tiere zu machen, von denen sie abhängig sind. Aber auch Tiere müssen Signale aussenden, müssen auf sich aufmerksam und sich anziehend machen, um ihr Revier zu behaupten, einen Paarungspartner zu finden oder vor einer Gefahr zu warnen – und sie müssen vermeiden, dabei gefressen zu werden. Die dicht belaubten und von einer unüberschaubaren Anzahl verschiedener Arten bevölkerten tropischen Regenwälder stellen eine Herausforderung für jedes Lebewesen dar, das mit einem anderen kommunizieren muß. Aber gerade die Einschränkungen, denen sie unterworfen sind, hat zur Entwicklung einer außerordentlichen Bandbreite von Verhaltensweisen und physischen Merkmalen geführt, die darauf abzielen, Angehörige der gleichen Art anzuziehen und die anderer Arten zu vermeiden.

Tropische Regenwälder sind Natur im Reinzustand – verwirrend reich an Leben. Baumstämme und Blätter versperren die Sicht und dämpfen die Geräusche; ein ständiger Regen spült die Gerüche fort; alle möglichen Signale – visuelle, olfaktorische und akustische – müssen mit einer Kakophonie anderer konkurrieren. Dennoch gibt es für die meisten Bewohner des Waldes Zeiten, in denen sie ihre Anwesenheit anzeigen müssen. Das ist nur durch auffallende Farben, Gerüche, Bewegungen oder Laute möglich, die die grüne Mauer durchdringen und den Signalisierenden von den Tausenden anderer Arten unterscheiden, mit denen er seine Umwelt teilt.

Modifizierung durch Übertreibung und Ausschmückung ist das Thema der Kommunikation in dieser Umwelt; so bilden sich Lebewesen heraus, deren Formen oft größer, leuchtender, auffälliger und lauter sind als die ihnen entsprechenden Typen außerhalb des Waldes. Beispielsweise sind die Nashornvögel des Waldes größer und leuchtender gefärbt als ihre Vettern in der Savanne. Sie bilden auch größere Ansammlungen und verkünden ihre Anwesenheit durch Flügelfedern, die sich zu geräuschvollen Ventilatoren

---

125 Schlegels Lanzenotter zwischen Palmenfrüchten, Costa Rica (Michael und Patricia Fogden)
Die Pflanzen und Tiere des Regenwalds leben in einem ständigen Zwiespalt: Sie müssen sich Geschlechtspartnern, Bestäubern und Samenverbreitern gegenüber bemerkbar machen, ohne jedoch von Räubern und prospektiven Beutetieren bemerkt zu werden. Die gelbe Lanzenotter benutzt ihre leuchtende Färbung, um Tiere anzulocken, die von hellen Farben angezogen werden. Sie versteckt sich geschickt zwischen reifen Früchten, die viele Fruchtfresser – und damit manche Beute – anziehen.

entwickelt haben, und durch Schnäbel, die die lauten Rufe der Tiere wie Megaphone verstärken.

Wie in jedem Lebensraum können Gene nicht weitergereicht werden und kann ein Organismus sich nicht reproduzieren, wenn er ruhig und unauffällig bleibt. Selbst Pflanzen oder Tiere, die im Verborgenen leben (und die Fauna des Regenwalds ist bekannt für ihre außerordentlich sinnreichen Tarnungen und Schutzfärbungen), müssen gelegentlich ihren geschlechtlichen Status oder Zustand bekanntgeben, indem sie Signale aussenden, die auf chemischem Wege, durch optische Eindrücke oder durch Vibrationen empfangen werden und die sich von dem „lauten" Hintergrund zahlloser Aufmerksamkeit heischender Konkurrenten abheben müssen.

Signale dienen vielen Zwecken – sie sollen drohen, andere Tiere vor einer Gefahr warnen, den Aufenthaltsort der Nachkommen oder der Gruppenmitglieder anzeigen oder einfach soziale Kontakte knüpfen. Aber nirgends bedürfen die Pflanzen und Tiere des Waldes der Signale so dringend wie bei der Vermehrung.

Es ist die Vielfalt dieser Signale, der Einfallsreichtum und die Pracht ihrer Ausdrucksformen, die den Waldbesucher immer wieder überraschen. Gerüche, optische und akustische Reize dringen auf die Sinne ein; der Abfall zahlloser Reproduktionsmittel – herabgefallene Früchte und Schoten, verwelkte Blüten und bei der Mauser abgeworfene Federn – liegen auf dem Boden; die Luft ist gesättigt von dem Duft der Blumen und Früchte, von den Duftmarken, die zahllose Territorien markieren, und – wenn unsere Nasen empfindlich genug wären, ihn zu spüren – dem Geruch sich paarender Nachtfalter, Tagfalter, Fledermäuse und Waldschweine.

Für Tiere, besonders für die höheren, wird der ganze Reproduktionsvorgang von einer Reihe komplizierter Werbungsrituale bestimmt, unterbrochen von längeren Perioden des Brütens und der Fütterung der Jungen, die alle bestimmter Signale bedürfen. Für die Pflanzen hingegen dienen Signale vorwiegend dazu, ein Tier anzuziehen, das innerhalb weniger Minuten entweder Pollen oder Samen zur Ausbreitung sammelt. Pflanzen haben sinnreiche Vorrichtungen entwickelt, die den Erfolg dieser entscheidenden Augenblicke gewährleisten – Vorrichtungen, die sowohl die Tiere, auf die sie angewiesen sind, anziehen als auch deren Verhalten manipulieren. Die verhältnismäßig seltenen und an unzugänglichen Plätzen wachsenden Orchideen gehen vielleicht weiter als jede andere Pflanze, um ihre Bestäuber anzuziehen: Vorgetäuschte Paarungspartner, berauschender Nektar, Landeplattformen, zuschnappende Fallen und Zwingen und natürlich langblühende, erlesen gefärbte optische Ziele dienen alle diesem Zweck.

Im Tierreich, wo die Signale gewöhnlich an einen Angehörigen der gleichen Art gerichtet sind, finden sich noch ausgefallenere Vorrichtungen – teils deswegen, weil der Sender der Signale zugleich ihr Empfänger ist. Diese Vorrichtungen stellen keine autonomen Strukturen wie Blüten oder Früchte dar, sondern Modifikationen eines bestimmten Körperteils, der ursprünglich für ganz andere Funktionen eingerichtet war. Körperflüssigkeiten, Schweiß oder Exkremente werden zu chemischen Duftsignalen; Luftsäcke, Bänder oder Reibflächen erzeugen präzis abgestimmte Laute; und leuchtend gefärbte Glieder, Flügel, Köpfe und Körper werden zu Flaggen, die in bestimmten Augenblicken geschwenkt werden. Männliche Paradiesvögel finden sich zum Beispiel während der Paarungszeit in abgegrenzten Balzplätzen zusammen, um ihr prächtiges Gefieder zu entfalten, und blattgrüne männliche Anolis-Leguane blasen ihren bunten Kehlsack zu grotesken Proportionen auf, um Weibchen anzuziehen. Nächtlich lebende Leuchtkäfer beiderlei Geschlechts treffen sich, indem sie Lichtimpulse aussenden, die bei jeder Art anders codiert sind.

Alle diese Tiere werden von zahlreichen Räubern verfolgt und müssen daher die Augenblicke, in denen sie sich auf solche Weise bemerkbar machen, auf ein Mindestmaß beschränken. Der Leuchtkäfer läßt sein Licht nur kurz aufleuchten; der Kehlsack der Echse schrumpft ebenso schnell wieder, wie er sich aufblähte. Nur der männliche Paradiesvogel nimmt während der gesamten Paarungszeit das Risiko auf sich, von Raubtieren entdeckt und gefressen zu werden. Viele Tiere haben die Vorteile der optischen Reizvermittlung völlig zugunsten einer durch Tarnung gebotenen Sicherheit aufgegeben und statt dessen akustische oder olfaktorische Signaltechniken entwickelt.

Doch optische Zeichen sind nur Teil einer ganzen Garnitur von Signalen, zu der auch Geräusche und Gerüche gehören. Afrikanische Epauletten-Flughunde stoßen laute melodiöse Töne aus, die durch starke Muskelanspannungen des Zwerchfells und der Brust zustande kommen. Das findet seinen sichtbaren Ausdruck in einer Beugung der Schultern, und dort, wo diese Bewegung am auffälligsten ist, hat sich eine Tasche gebildet, die ein langes Büschel weißer Haare enthält. Bei jedem spasmischen Ton öffnet sich die Tasche, und die weiße „Epaulette“ kommt zum Vorschein. Die Tasche ist überdies mit einer Drüse verbunden. Bei jedem Aufplustern der Haare werden Duftstoffe freigesetzt, so daß gleichzeitig akustische, optische und olfaktorische Impulse ausgesendet werden.

Die weitaus meisten der von den Millionen von Lebensformen des Regenwalds ausgeschickten Signale sind jedoch farblicher Art. Eine der am häufigsten verwendeten Signalfarben ist Rot, das besonders gut geeignet ist, da es weit in das rote Ende des Spektrums bestimmter Bestäuber, Verteiler oder Partner hineinreicht. An diesem Ende sind nur die Augen einer begrenzten Zahl von Arten empfindlich. Einige Schmetterlinge, fruchtfressende Fledermäuse und Kolibris hingegen haben wahrscheinlich ein besonders breites Spektrum der Farbsensitivität. Da es die Komplementärfarbe von Grün ist, empfiehlt sich Rot überdies als Kontrastsignal. So tragen viele Turakos, Loris, Spechte und Trogons mit sonst unauffälligem grünen Federkleid leuchtend rote Farbmale auf ihren Flügeln, Körpern oder Köpfen zur Schau.

Die Lage und Bedeutung einer solchen überraschend auftauchenden Kontrastfarbe variiert von Art zu Art. Bei den Loris ist es eine aggressive „Halte-dich-fern“-Warnung; bei Turakos ist es ein „Folg-meiner-Führung“-Zeichen; während bei den Spechten das Geräusch des hämmernden Schnabels zusammen mit den Bewegungen des roten Kopfes dazu beiträgt, den Kontakt zwischen den in der Regel weit voneinander entfernten Individuen aufrechtzuerhalten.

Viele im Blätterdach lebende Vögel haben ein schillerndes Gefieder und lassen sich mit Vorliebe so auf einem Ast nieder, daß die Sonnenstrahlen reflektiert werden und in das Auge ihres Partners fallen. Nektarvögel, Kolibris und Glanzstare stellen schillernde Grün-, Violett- und Blautöne zur Schau. Unterhalb des Blätterdachs verlieren leuchtende Farben jedoch ihre

Wirkung; aber ein Vogel, der ständig auf den unteren, dunkleren Ebenen des Waldes lebt, hat eine ungewöhnliche Lösung gefunden: Der prächtige männliche Laubenvogel pflückt systematisch Blätter aus dem Laubdach, nachdem er seine Balztenne auf dem Waldboden vorbereitet hat, so daß sorgfältig choreographierte Sonnenstrahlen die Laube an bestimmten Stellen durchdringen und sein schillerndes Gefieder hell aufleuchten lassen, wenn er um ein Weibchen wirbt.

Ein derartiger Aufwand zeigt nicht nur den gewaltigen Konkurrenzdruck, der bei der Partnersuche herrscht, sondern auch die Bedeutung, die optischen Effekten bei der Kommunikation zwischen den Tieren zukommt. Tiere, die aus einem anderen Lebensraum in den Wald ziehen, müssen schnell auf diese adaptive Herausforderung reagieren, wenn sie überleben wollen. Mandrille, verhältnismaßig junge Einwanderer aus der Savanne, haben genau diese evolutive Anpassung vollzogen. Der männliche Mandrill hat ein breites Spektrum greller Farben entwickelt, die wir gewöhnlich mit tropischen Fischen oder Vögeln assoziieren – Stahlblau, Scharlachrot, Gelb und Violett.

Die auf dem Boden lebenden Savannen-Tiere, aus denen sich die Mandrille entwickelt haben, ähnelten vermutlich darin modernen Pavianen, daß sie ein ritualisiertes Gähnen als wichtiges soziales Signal verwendeten. Vorwiegend ein männliches Ausdrucksmittel, macht Gähnen auf die mächtigen Eckzähne der Tiere aufmerksam; wenn es von einem Zurückwerfen des Kopfes begleitet wird, wirkt es noch bedrohlicher und ist auch aus einer gewissen Entfernung noch klar zu erkennen. Im schlechten Licht des Waldes verbraucht Gähnen jedoch nur unnütz Energie, ohne die gewünschte Wirkung zu zeitigen. Die evolutive Lösung bestand darin, das Gesicht des männlichen Mandrill so zu gestalten und zu zeichnen, daß es ein ständiges Zähnefletschen andeutet. Die Knochen und Gewebe um die Schnauze haben sich so umgebildet, aufgebläht und gefärbt, daß eine blaue Maske sich oberhalb der Stelle entwickelt hat, an der eigentlich ein Zähnefletschen zu sehen wäre. Dabei hat das anatomische Material, das gebraucht wurde, um diese Maske herauszubilden, sich ständig verändert, um das Signal noch auffälliger und eindeutiger werden zu lassen. Wenn ein männlicher Mandrill älter wird, bläht sich die Maske weiter auf und engt sein Gesichtsfeld in gefährlichem Maße ein. Das alles zeigt, welche Bedeutung optische Signale, vor allem für Waldtiere, haben können.

In der dicht belaubten und dicht bevölkerten Welt des Waldes müssen seine Bewohner besonders anpassungsfähig sein, um sowohl mit anderen Arten als auch mit Artgenossen konkurrieren zu können. So sind die Modifikationen, die diese hochspezialisierten Lebewesen entwickelt haben, Teil des nie endenden Kampfes darum, zu sehen und gesehen zu werden, sich zu vermehren und zu überleben.

---

126 Roter Uakari, Amazonas (Rod Williams/Bruce Coleman Ltd.)
Über das soziale Verhalten dieser Affen ist wenig bekannt. Aber das leuchtend purpurrote Gesicht, das lebhaft mit dem graubraunen Fell und den komplementären Grünfarben des Waldes kontrastiert, ist höchstwahrscheinlich ein Signal für Artgenossen.

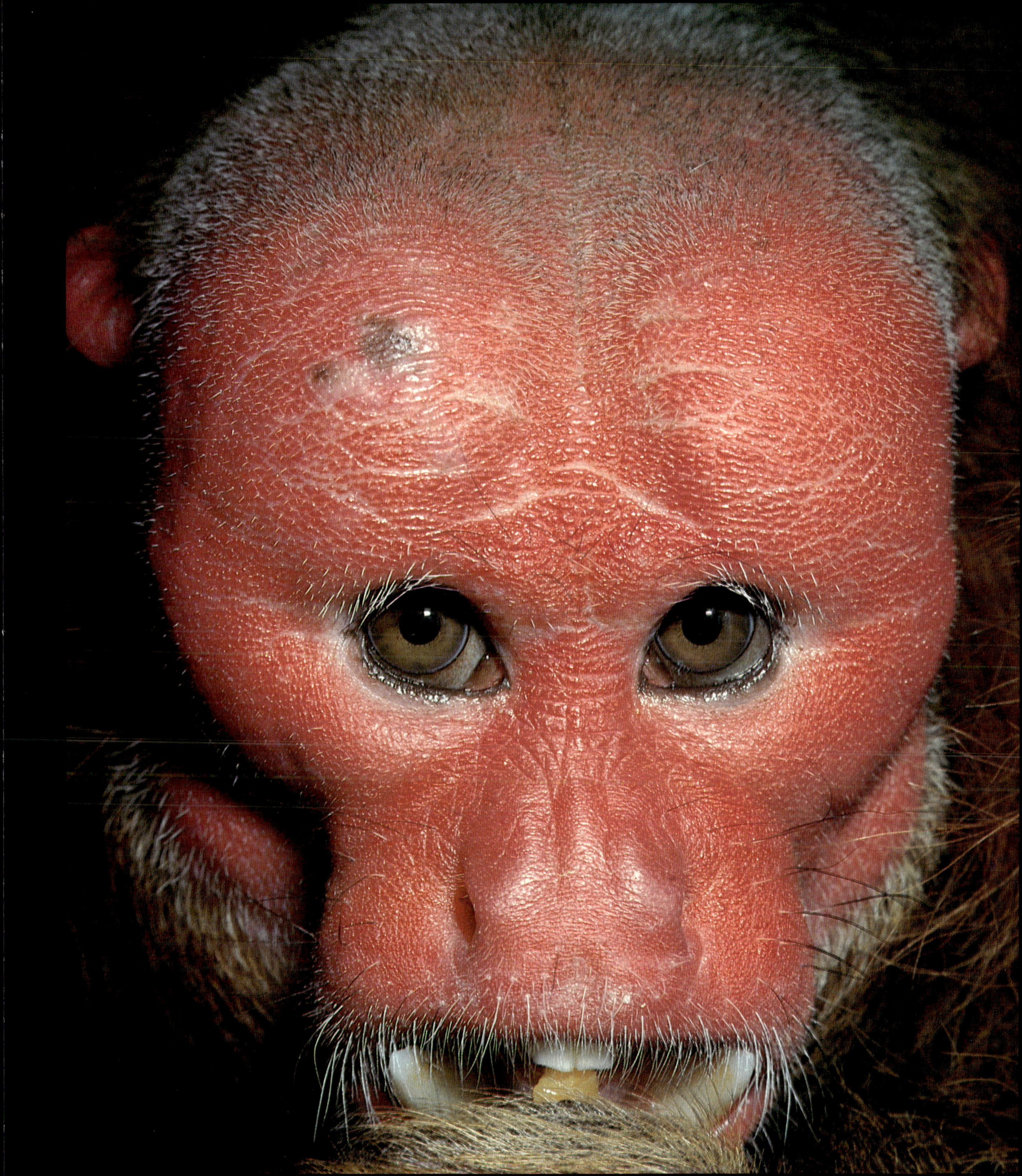

126

127

127 Feuerbaum in Blüte, Puerto Rico

(Gerry Ellis/Ellis Wildlife Collection)

Vor dem Hintergrund der grünen Blätter des Laubdachs ziehen die roten Blüten viele Insektenbestäuber an, vor allem Bienen, die über den Baumkronen fliegen.

128

128 Früchte eines Strauches, Neuguinea
(Brian Coates/Bruce Coleman Ltd.)
Früchte müssen samenausbreitende Tiere finden, wie Blüten Bestäuber finden müssen: Rot ist eine Farbe, die Vögel anzieht, besonders, wenn es mit dem Schwarz der Samen kontrastiert.

129

129 Orchidee, Südamerika
(Michael Fogden/OSF)
Orchideen haben nicht nur prächtige Farben, sondern auch viele andere Vorrichtungen entwickelt, um Tiere anzuziehen und ihr Verhalten zu beeinflussen. Um Bestäuber anzulocken, produzieren einige Orchideen Nektar, der Bienen in einen Rauschzustand versetzt und sie in das Innere der Blüte taumeln läßt, wo sie die Pflanze bestäuben. Viele Arten liefern Duftstoffe, die von männlichen Bienen aufgenommen und verwendet werden, um weibliche Bienen anzulocken. Wiederum andere ahmen Nektar erzeugende Blüten oder Paarungspartner nach.

130

131

130 Zwei Nachtfalter, Costa Rica
(Michael Fogden/OSF)

131 Laubfrosch, Brasilien
(Ken Preston-Mafham/Premaphotos)
Ein Tier, das nicht von einem toten Blatt zu unterscheiden ist, entgeht der Aufmerksamkeit potentieller Räuber in einer Umgebung, in der ständig Blätter von den Bäumen fallen. Am Tage verbirgt sich der Laubfrosch einige Meter hoch im Blätterdach, wo viel totes Laub sich ansammelt; nachts steigt er hinab, um zu jagen und sich zu paaren.

132

132 Laubheuschrecke, Costa Rica (Michael und Patricia Fogden)

133 Laubheuschrecke, Costa Rica (Michael und Patricia Fogden)
Laubheuschrecken, Meister der vollkommenen Tarnung, sind in vielen Regenwäldern der Welt zu finden. Da sie die Möglichkeit, einen Geschlechtspartner durch optische Zeichen auf sich aufmerksam zu machen, zugunsten ihrer Sicherheit aufgegeben haben, kommunizieren die beiden Geschlechter durch schrille akustische Signale miteinander, die dadurch entstehen, daß sie die Flügel aneinanderreiben.

133

134 (Umseitig) Männliche Glasfrösche bei der Bewachung von Eiern (Michael und Patricia Fogden)
Da diese Frösche fast durchsichtig sind, verschmelzen sie nahezu vollständig mit dem Hintergrund und entziehen sich so den Blicken ihrer Räuber. Die Männchen machen die Weibchen durch einen synkopischen Chor auf sich aufmerksam, der die übrigen Geräusche des Waldes durchdringt.

135

136

137

135 Widderbär, Costa Rica (Michael und Patricia Fogden)
Ein giftiges Tier nachzuahmen ist ein unter den Geschöpfen des Regenwalds weit verbreiteter Bluff, um mögliche Räuber abzuschrecken. Dieser Falter imitiert eine der giftigsten Wespen des Waldes.

136 Krabbenspinne, Brasilien (Ken Preston-Mafham/Premaphotos)
Zwischen den weißen Blüten versteckt, ahmt diese Spinne die Pflanzen meisterhaft nach. Aber sie kann ihre täuschende Erscheinung auch dazu benutzen, Beutetiere anzulocken: Auf einem nackten Ast ähnelt die Spinne einer Blüte; unaufmerksame Insekten, die sich nähern, um Nahrung zu suchen, werden so selbst zu einer Mahlzeit.

137 Spinne, die eine Ameise imitiert, Trinidad (Ken Preston-Mafham/Premaphotos)
Obwohl sie acht Beine hat, ahmt diese Spinne dadurch vollkommen eine Ameise nach, daß sie das vordere Beinpaar wie Fühler bewegt. Die Imitation von Ameisen ist eine äußerst erfolgreiche Strategie, da Ameisen beißen und stechen und oft von einem Schwarm der Angehörigen ihrer Kolonie begleitet werden. So gehören sie zu den Tieren des Waldes, die am wenigsten Nachstellungen ausgesetzt sind.

138 Blattfußwanze, Peru
(Ken Preston-Mafham/Premaphotos)
Einige Tiere verteidigen sich wirksam gegen Angreifer, indem sie anzeigen, daß sie giftig sind; und die meisten Räuber lernen schnell, spezifische Kombinationen von Warnfarben zu erkennen. Das Bein einer Blattfußwanze ist zur Warnung auffällig gezeichnet, aber sie benutzt es auch zur Ablenkung: Wenn ein unerfahrener Räuber nicht von ihr abläßt, bewegt die Wanze das Bein lebhaft hin und her, um die Aufmerksamkeit von ihrem Körper abzulenken. Die Strategie ist offensichtlich erfolgreich, denn man findet häufig Blattfußwanzen, denen ein oder zwei Beine fehlen, die aber sonst vollkommen gesund sind.

138

139 Heuschrecke, Costa Rica
(Ken Preston-Mafham)
Diese Heuschreckennymphe weist die klassischen schwarz-gelben Warnfarben auf, die von vielen Insekten verwendet werden – einschließlich der europäischen Wespen. Das Muster scheint sich fest dem Gedächtnis prospektiver Räuber einzuprägen.

139

140 Stabwanze, Costa Rica
(Peter Ward/Bruce Coleman Ltd.)
Ob grün oder braun – Stabwanzen lassen sich nicht von dem Laubwerk unterscheiden, von dem sie sich ernähren.

140

141 „Schreckstellung" der Laubheuschrecke, Brasilien
(Michael und Patricia Fogden)
Die ausgezeichnete Tarnung der Laubheuschrecke verbirgt das Tier normalerweise vor Räubern, aber wenn einer trotzdem versucht, sie zu ergreifen – weil er sie vielleicht wirklich für ein Blatt hält –, schützt sich die Laubheuschrecke dadurch, daß sie ein zweites Paar unterschiedlich gefärbter Flügel entfaltet. Gelegentlich sind diese Flügel durch Punkte markiert, die wie Augen aussehen und in der Regel den Angreifer veranlassen, die Flucht zu ergreifen.

141

142

142 Caligo-Falter, Costa Rica
(Ken Preston-Mafham/Premaphotos)
Die auffällige Augenzeichnung dient diesem Schmetterling als Verteidigung. Wenn er gestört wird, landet der Caligo auf einem benachbarten Baum und entfaltet nur ein „Auge", das dem prospektiven Räuber vielleicht wie das Auge eines größeren Raubtiers oder eines ungenießbaren Laubfroschs erscheint. Vielleicht lenkt die Zeichnung aber auch einen Angreifer von dem empfindlichen Körper des Insekts ab – eine Theorie, die dadurch gestützt wird, daß Caligos oft mit Narben im „Auge" gefunden werden, die von Schnabelhieben herrühren.

143

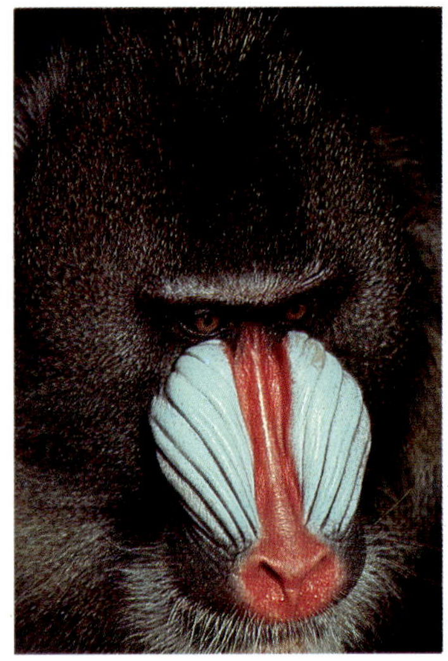

144

143 Dreizehenfaultier, Mittelamerika (Partridge Films)
Das Faultier ist häufig in den Regenwäldern Mittel- und Südamerikas anzutreffen und ist trotz seiner sprichwörtlichen Lethargie eines der erfolgreichsten Säugetiere des Waldes. Es verbringt sein ganzes Leben in den Baumkronen, wo es sich von Blättern ernährt und nur einmal wöchentlich zum Urinieren und Defäkatieren auf den Boden hinabsteigt. In der feuchten Umgebung siedeln sich Algen in seinem Fell an, die die Haare grün färben und wahrscheinlich zur Tarnung des Tieres beitragen. Das Fell bietet auch einem Falter und mehreren Käferarten eine Heimstatt, die ihre Eier in die Exkremente des Faultiers ablegen, wenn es auf den Boden steigt, und dann in das Fell zurückkehren. Die frisch geschlüpften Insekten fliegen anschließend in das Blätterdach, um sich selbst ein Faultier zu suchen.

144 Mandrill, West-Zentral-afrika

(Rod Williams/Bruce Coleman Ltd.)

Das Gesicht des Mandrills hat sich zu einer von Furchen durchzogenen, leuchtend gefärbten Maske entwickelt, die ein ständiges Zähnefletschen vortäuscht. Bei älteren Männchen bildet sich das „Zähnefletschen" noch stärker aus, so daß es nicht selten die Sicht des Tieres beeinträchtigt. Doch die Notwendigkeit, in der Dunkelheit des Unterholzes, wo der Mandrill lebt, starke optische Signale zu geben, wiegt selbst diesen Nachteil auf.

145 Schwarzer Brüllaffe, Südamerika

(Rod Williams/Bruce Coleman Ltd.)

In den Regenwäldern, wo das Gesichtsfeld oft stark eingeschränkt ist, sind akustische Signale zwischen den Tieren manchmal wichtiger als optische. Diese Affen versammeln sich in der Morgendämmerung, um gemeinsam ein äußerst lautes Heulen auszustoßen – eine Form der Revierverteidigung. Dieses Geheul, das bei den Männchen besonders laut ist, hat einst die Erforscher der Neuen Welt erschreckt, die es für das Brüllen von Jaguaren hielten.

145

147

146 Margay, Belize (Partridge Films)

147 Jaguar-Paar, Belize (Partridge Films)
Die gefleckten Felle der Dschungelkatzen verschmelzen in vollkommener Weise mit dem Licht auf dem Waldboden, das mit den Bewegungen der Blätter in den Baumkronen ständig wechselt. Da die herrlichen Felle vieler Katzen, besonders der größeren wie Jaguare und Leoparden, von Menschen begehrt werden, sind diese prächtigen Raubtiere durch übermäßiges Wildern heute stark gefährdet. Kleinere Katzen wie die Margays werden nicht ihres Fells wegen gejagt, sondern sind wie viele Tiere des Regenwalds durch Jäger, die ihnen wegen ihres Fleisches nachstellen, und durch den Verlust ihrer Habitate bedroht. So scheint sich besonders der Margay trotz reichlicher Beute nicht in frisch gerodeten Waldgebieten anzusiedeln.

148

148 Gartenboa, Ecuador
(Michael und Patricia Fogden)
Die Gartenboa erwürgt ihre Beute – Nagetiere, Vögel und dergleichen –, indem sie sie mit ihrem muskulösen Körper umschlingt. Trotz ihrer Kraft ist sie nicht giftig und fällt daher häufig Raubvögeln zum Opfer.

149 Raupe eines Nachtfalters, Costa Rica
(Stephen. J. Krasemann/NHPA)
Diese harmlose Raupe ahmt auf überzeugende Weise mit der hier gezeigten Unterseite ihres Körpers eine äußerst giftige Viper nach. Da sie ziemlich groß ist, wirkt die Täuschung glaubwürdig.

149

150 Dünnschlange, Costa Rica
(Michael und Patricia Fogden)
Die Dünnschlange ist nicht giftig, aber ihre lebhafte Färbung und ihre drohende Haltung mit weit aufgerissenem Maul lassen Räuber glauben, daß sie es sei.

150

151

151 **Türkisbaumsteiger, ein Pfeilgiftfrosch, Mittelamerika**
(Michael und Patricia Fogden/Bruce Coleman Ltd.)
Wie der Name vermuten läßt, werden die Toxine dieses Frosches von Indianern verwendet, die damit ihre Pfeilspitzen bestreichen. Obgleich sie ins Grünliche spielen, dienen die metallischen Farben wahrscheinlich nicht der Tarnung, sondern zeigen Räubern an, daß das Tier ungenießbar ist.

152 **Chamäleon, Madagaskar** (Ken Preston-Mafham/Premaphotos)
Entgegen der Legende ändert das Chamäleon seine Färbung nicht, um sich der Umgebung anzupassen – es reagiert in Wirklichkeit auf Temperaturen.

153 **Rotaugen-Laubfrosch, Australien** (Ken Preston-Mafham/Premaphotos)
Am Abend versammeln sich die Männchen dieser Art, um durch einen laut durch den Wald schallenden Chor Weibchen anzuziehen. Solche männlichen Werbungsgruppen sind unter Vögeln, Fröschen und Schmetterlingen weit verbreitet.

152

156

154 Samtkotinga, Peru (Michael und Patricia Fogden)

155 Samtgoldvogel, ein Laubenvogel, Australien (Leo Meier/Weldon Trannies)

156 Arakangas, Südamerika (Gunter Ziesler/Bruce Coleman Ltd.)

Die Vögel des Regenwalds tragen außerordentlich bunt gefärbte Gefieder zur Schau, die sowohl der Identifikation als auch der Kommunikation zwischen Angehörigen derselben Art dienen. Dies tritt besonders während der Werbung in Erscheinung, wie dieser männliche Samtkotinga zeigt, der um ein Weibchen wirbt (154). Bei den Papageien und Aras (hier an einem Felsen, den sie nach Salz absuchen) tragen die unterschiedlichen Farbmuster vielleicht dazu bei, die Arten voneinander zu unterscheiden.

Kapitel 7

Zwischen den Bäumen – das Leben im Blätterdach

Andrew Mitchell

Sowohl im evolutionären als auch im physischen Sinne bilden die Bäume die grundlegende Struktur des Waldes. Ihre Blätter, Früchte und Blüten, selbst ihre Zweige und ihr Harz ernähren eine Vielzahl von Tieren, von denen einige hoch oben im Blätterdach leben und nie oder nur selten zu sehen sind. Doch gibt es auch zahllose Pflanzen, die zu ihrem Überleben auf die Bäume angewiesen sind – nicht nur, um Zugang zum energiespendenden Sonnenlicht zu erlangen, sondern auch, um Nahrung aus ihnen zu ziehen. Diese Pflanzen bieten ihrerseits einer unüberschaubaren Schar von kleineren Tieren eine Heimstatt, die – unauffälliger als die Vögel und Affen, die durch die Äste fliegen und springen – ihren eigenen Beitrag zum Leben dieser Gemeinschaft im Blätterdach leisten.

Wenn man auf dem schattigen Boden des Regenwalds steht, erscheint das Blätterdach wie ein undurchdringliches, von Lianen durchzogenes Dickicht ineinandergreifender Äste und Zweige. Doch tatsächlich ist es ein komplexes Netzwerk miteinander verbundener Straßen, die durch ein Labyrinth von Räumen, Höhlen und Nischen führen und den Myriaden von Lebewesen, die es bewohnen, eine Vielfalt von Lebensräumen bieten.

Die Architektur der einzelnen Bäume liefert eine solide Grundlage für alles andere Leben im Wald. Einige Riesenbäume, die sogenannten Überständer, wachsen zu beträchtlichen Höhen empor. Unter ihnen haben sich andere, kleinere Bäume breitgemacht, die die kontinuierliche Ebene des Blätterdachs bilden, und unter ihnen wiederum haben sich zwischen den mächtigen Stämmen der Überständer Bäume mit länglichen Kronen angesiedelt. Größere Tiere tollen mit bemerkenswerter Behendigkeit über die vertrauten Wege durch das Blätterdach.

Die Fähigkeit, sich mit solcher Sicherheit im Wald zu bewegen, ist das Ergebnis einer seit Jahrmillionen andauernden Ko-Evolution zwischen Tieren und Pflanzen. Viele Säugetiere, wie die Affen, haben kräftige

---

157 Baum mit Epiphyten, Queensland, Australien (Leo Meier/Weldon Trannies)
Es gibt kaum einen Platz zwischen oder auf den Bäumen des Regenwalds, der nicht besiedelt ist. Pflanzen hängen von den Bäumen herab oder ranken und winden sich an ihnen empor – vom Waldboden bis zum Blätterdach. Einige nützen dem Baum, der ihr Wirt ist, aber andere saugen seine Nährstoffe auf, erwürgen oder überschatten ihn oder belasten ihn mit ihrem Gewicht, bis er stirbt. Zwischen den Lianen, die an einem Baum hängen, und den Epiphyten, die sich fast ohne Wurzeln an seinem Stamm und seine Äste klammern, leben zahllose Geschöpfe, die vielleicht nie den Boden berühren.

Gliedmaßen, mit denen sie bei ihrer Nahrungssuche die Lücke zwischen den Bäumen überbrücken. Einige Echsen und Hörnchen haben Hautmembranen entwickelt, die ihnen eine Art von Fliegen gestattet. Einige Frösche überwinden kurze Entfernungen mit Hilfe von Fallschirmen, die sich zwischen ihren Zehen gebildet haben; und in Borneo gibt es sogar eine Schlangenart, die durch die Luft gleitet, indem sie ihren Körper zu einer aerodynamisch günstigen Form abflacht. In der Nacht fliegen Fledermäuse durch Tunnel, die durch überhängende Äste mit grünem Laub gebildet werden; und am Tage flattern und schwirren Vögel auf bunten, schillernden Flügeln durch jeden Teil des Waldes. Auch gibt es Regionen unterschiedlicher Feuchtigkeit und Helligkeit, die von fliegenden Insekten bewohnt werden: Libellen, Eintagsfliegen, Mücken und Gnitzen schweben dort auf schimmernden Flügeln, und Spinnen weben ihre Netze, um sie zu fangen. Riesige Schlankjungfern gleiten auf vier unabhängig voneinander schlagenden Flügeln durch die Lücken wie Miniatur-Hubschrauber und suchen nach den Netzen der untertassengroßen Zebraspinnen. Hypnotisiert von den Flügeln der Schlankjungfer, unternimmt die Spinne keinen Versuch zu entkommen. Unvermittelt packt die Schlankjungfer die Spinne und fliegt mit ihr davon, durchbeißt den Brustkorb und läßt den Kopf und die Beine zu Boden fallen, um nur den saftigen Hinterleib zu verschlingen.

Nicht alle Bewohner der Räume zwischen den Bäumen sind Tiere. Viele sind botanische Hitchhiker, die einen Platz an der Sonne suchen. Um Zugang zu dem energieproduzierenden Licht im Blätterdach zu finden, müssen Pflanzen ohne starke Stämme entweder auf dem Boden wurzeln und sich an hohen Bäumen emporranken, wie es Lianen und Rankengewächse tun, oder sie müssen die Erde verlassen und sich mit Hilfe fliegender Tiere oder des Windes auf den Ästen ansiedeln. Einige Pflanzen produzieren federleichte Samen, die in das Blätterdach fliegen, während die Samen anderer Pflanzen durch die Eingeweide von Vögeln wandern, die sie dort ausscheiden. Misteln besitzen klebrige Samen, die an den Federn von Mistelfressern haften bleiben, die sich von ihnen ernähren. Die Vögel rutschen dann an den Ästen auf und ab und reiben ihren Rücken an der Borke, um sich von ihnen zu befreien. Auf diese Weise gelangen die Samen in kleine Spalten, wo sie keimen können. Misteln ziehen Nährstoffe aus der Pflanze, auf denen sie als Halb-Parasiten leben, aber eine andere Pflanzengruppe benutzt die Äste nur, um einen sicheren Halt im produktivsten Teil des Waldes zu finden, und ist so erfolgreich geworden, daß sie die Umwelt dort beherrscht. Es sind die Epiphyten.

Epiphyten oder Luftpflanzen, wie sie manchmal genannt werden, umfassen 28 000 Arten in 65 Familien, von denen die meisten in den großen Regenwäldern Amerikas und Südostasiens vorkommen. In Amerika sind auch Bromelien zu finden, zusammen mit epiphytischen Kakteen, Orchideen, Farnen, Moosen, Lebermoosen und Flechten. Selbst auf einem einzelnen Blatt können ganze Wälder von nur millimetergroßen Mikro-Epiphyten wuchern. Das Gewicht all dieser Epiphyten auf einem Baum kann mehrere Tonnen betragen.

Erst in den letzten Jahren ist die Bedeutung der Epiphyten für die Lebensgemeinschaft des Regenwaldes in vollem Umfang erkannt worden. Epiphyten haben der doppelten Gefahr des Nahrungs- und des Wassermangels zu begegnen. Obgleich die Regenwälder zu den feuchtesten Lebensräumen der Welt gehören, ist das Blätterdach ein trockener Ort. Viele Epiphyten weisen deshalb Merkmale auf, die denen der Wüstenpflanzen ähneln. Die mit der Ananas verwandten Bromelien haben sich zu Wassertanks entwikkelt. Ihre dornigen Blätter lenken Wasser in das Innere der Pflanze, die bis zu zehn Liter davon speichern kann. Da die Bromelie dem Boden keine Nährstoffe entziehen kann, fängt sie herabgefallene Blätter auf, die verrotten und die Pflanze auf diese Weise versorgen. Viele andere Epiphyten gewinnen ihre Nährstoffe auf die gleiche Weise.

Bromelien liefern vorbeikommenden Affen und Eidechsen Trinkwasser und bieten riesigen Schlankjungfern und Moskitos einen Platz zur Eiablage, wobei die ersteren die letzteren fressen, wenn sie geschlüpft sind und sich in aquatische Larven verwandelt haben. In einer einzigen Bromelie hat man vier Weberknechte, eine kleine, mehrere Eier bebrütende Spinne, drei verschiedene Arten von Asseln, einen Hundertfüßer, einen Springtausendfüßler, einen Pseudoskorpion, verschiedene Prachtkäfer, Ohrwürmer, einen Baumsämling im fortgeschrittenen Stadium des Keimens, einige Bürchelmückenlarven, ein Ameisennest, einen Regenwurm, zahllose Milben und einen kleinen Frosch gefunden.

Weit davon entfernt, den Bäumen zu schaden, sind viele Epiphyten ihnen von großem Nutzen. Die Blätter, Vogelexkremente und verwesenden Körper jener Tiere, die in ihnen eine Heimstatt gefunden haben, bilden zusammen eine wertvolle Nährstoffquelle hoch über dem Boden. Überdies fangen die feinen Härchen auf den Blättern der Epiphyten Nährstoffe auf, die sich in Staubpartikeln oder als Lösung in Regentropfen befinden. Mehr als die Hälfte aller Nährstoffe im Blätterdach der Regenwälder werden auf diese Weise aus der Luft gewonnen und in den Epiphyten gesammelt. Bäume nutzen diesen Umstand zu ihrem eigenen Vorteil aus, indem sie Wurzeln aus ihren Ästen in den mineralreichen Epiphytengarten schicken, um die Nährstoffe in sich aufzunehmen, bevor sie zu Boden fallen. Dieses Gerangel um die kostbare Nahrung hat so raffinierte Formen angenommen, daß einige Bäume mit ihren Wurzeln in die eigenen Stämme oder die benachbarter Bäume wachsen, um das verrottende Innere anzuzapfen. Denn die meisten Laubdachbäume sind tatsächlich hohl. Das Loch eines Spechts wird gelegentlich so erweitert, daß es einer Vielzahl von anderen Kreaturen Platz zum Leben bietet. Die Exkremente oder die Beute von Fledermäusen, Schlangen und Eulen bereichern die spärliche Nahrungsversorgung eines Baums mit zusätzlichen Nährstoffen und verschaffen ihm so einen Vorteil gegenüber seinen Nachbarn.

Die Entwicklung solcher Beziehungen zwischen Pflanzen und Tieren und zwischen Pflanzen und anderen Pflanzen ist eines der interessantesten Studiengebiete bei der Erforschung der Regenwälder. Ameisen sind auf fast jeder Ebene des Regenwalds zu finden. Viele Bäume haben hohle Äste, in denen es von ihnen wimmelt. Ihre Aufgabe ist es, die Bäume vor laubzerstörenden Räubern zu schützen, während sie als Gegenleistung eine sichere Heimstatt erhalten. Derartige von gegenseitigem Nutzen bestimmte Partnerschaften sind häufig in den Tropen anzutreffen.

Am interessantesten sind vielleicht die Methoden, die bestimmte tropische Frösche anwenden, um die Bromelie als Kaulquappen-Hort zu benutzen. In den schattigern Wäldern Mittelamerikas machen sich winzige Pfeilgiftfrösche, die bequem auf einem Markstück Platz fänden, auf eine ungewöhnliche Reise, um für die Pflege ihrer Jungen zu sorgen. Nachdem die Kaulquappen in einer kleinen Bodenvertiefung geschlüpft sind, kriechen sie auf den Rücken des Weibchens, das nun mühsam auf einen Baumstamm klettert, um eine mit Wasser gefüllte Bromelie zu finden. Nachdem sie eine entdeckt hat, die hoch genug über dem Boden wächst, verschafft sie sich sie mit dem Rücken voran Eingang und läßt die Kaulquappen in das Wasser fallen, jede in eine eigene Blattachsel, wo die Larven sich, vor räuberischen Bodenbewohnern geschützt, von Algen und Mückenlarven ernähren. Jeden Tag kehrt das Weibchen zurück und dringt wieder rückwärts in die Bromelie ein, um die Wasseroberfläche zu berühren. Wenn sich darunter eine Kaulquappe aufhält, rührt sie die Wasseroberfläche mit dem Schwanz auf und signalisiert damit ihrer Mutter, ein einzelnes unbefruchtetes Ei fallenzulassen – ein Freßpaket, das das Überleben der Kaulquappe sichert.

Ein junger Baum, der das Walddach erreichen will, muß sich auf einen Kampf mit Rankengewächsen und Lianen einlassen, die als Hitchhiker auch dorthin gelangen wollen. Einige ergreifen Schutzmaßnahmen. So werfen Pionierarten, die schnell wachsen, um eine Lichtlücke zu besetzen, von Zeit zu Zeit ihre Rinde ab und befreien sich auf diese Weise von den hemmenden Pflanzen. Einige Lianen überleben den Baum, auf dem sie wachsen, indem sie sich wieder am Stamm eines jungen Baumes emporranken, nachdem ihr ursprünglicher Wirt zu Boden gefallen ist. Noch bemerkenswerter sind die Würgerfeigen. Diese Pflanzen beginnen ihr Leben als winzige, in den Ästen eines Laubdachbaums deponierte Samen. Wenn die Pflanze größer wird, schickt sie Wurzeln hinunter, die, nachdem sie den Boden erreicht haben, rasch dicker werden und Feuchtigkeit und Nahrung aus der Erde ziehen. Schließlich überschatten die Äste der Würgerfeige die Blätter ihrer Wirtspflanze und umschließen deren Stamm mit den eigenen Wurzeln. Allmählich stirbt der Stamm der Wirtspflanze ab und verfault, so daß nur noch das aus den Wurzeln der Feige gebildete Gitterwerk übrigbleibt.

Glücklicherweise bietet der ungewöhnliche hohle Stamm der Würgerfeige einen Vorteil, den kein Darwinist hätte voraussagen können: Es ist äußerst schwierig und gefährlich, die zahllosen kräftigen Wurzeln eines ausgewachsenen Baumes – selbst mit Hilfe von Kettensägen, Bulldozern oder Äxten – zu fällen. Wenn die Holzfäller gegangen sind, ist der *Matapolo* oder Todesbaum, wie die Würgerfeige gelegentlich genannt wird, oft die einzige stehengebliebene Art – eine einsame Insel der Hoffnung für die Überlebenden des Waldes in einem leeren Land gefällter Bäume.

---

158 Tijuca-Wald, Brasilien (Susan L. Cunningham)
Lianen sind Kletterpflanzen, die in Regenwäldern reichlich vorkommen – sie machen etwa acht Prozent aller Arten aus. Ihre Gegenstücke in den gemäßigten Breiten sind bekannte Gartenpflanzen wie der Efeu, die Waldrebe oder das Geißblatt. In den Tropen erreichen sie gewaltige Größen; 16 Meter im Durchmesser ist keine Seltenheit, eine Rotangpalme maß sogar 165 Meter in der Länge. Häufig überleben sie den Baum, der sie ursprünglich getragen hatte. Es ist nicht ungewöhnlich, im Wald auf ein großes hölzernes Lasso zu treffen, das vom Blätterdach über einer leeren Stelle hängt, an der einmal ein Baum war. Obgleich manche Lianen in einem gestörten Wald gedeihen, wo sie mehr Licht vorfinden, wachsen andere nur im Primärwald.

158

159

159 Auf einem Baum wachsende Bromelien, Brasilien

(Luiz Claudio Marigo)

Pflanzen der Ananasfamilie, die wir häufig als Hauspflanzen sehen, wachsen oft als Epiphyten in den kühlen und ultrafeuchten Montanwäldern Südamerikas. Epiphyten sind Pflanzen, die Zugang zum Sonnenlicht finden, ohne Stämme, Stiele oder Wurzeln auszubilden, die den Boden anzapfen. Statt dessen siedeln sich ihre Samen in Rissen und Schründen hoch oben in einem Baum an; und dort wachsen sie, indem sie Feuchtigkeit und Nährstoffpartikel aus der Luft saugen, sich gelegentlich von ihrer Wirtspflanze ernähren oder Waldreste zwischen ihren Blättern sammeln und als Nahrung speichern.

160

160 Rotrücken-Sensenschnabel, Brasilien (Luiz Claudio Marigo)
Dieser Sensenschnabel ernährt sich, wie die Kolibris, von Nektar. Zwischen den Bäumen hin- und herschießend, trinkt er häufig den Nektar der bunten Bromelien, die wie Leuchtfeuer im dichten Laubwerk glühen.

161

161 Bromelien und andere Epiphyten, Blue Mountains, Jamaica (Michael und Patricia Fogden)
Hoch oben im Laubdach können die verfaulten Blätter und Insekten, die sich in den Blättern breiter, stacheliger Epiphyten, besonders der Bromelien, verfangen haben, eine wichtige Nahrungsquelle für den Wirtsbaum werden. Einige schicken Wurzeln in „ihre" Epiphyten und nutzen die angesammelten Nährstoffe für sich selber.

162

163

164

162 Bromelie, Südamerika (James Carmichael/NHPA)

163 *Neoregelia*-Bromelie, Südamerika
(Gerry Ellis/Ellis Wildlife Collection)

164 *Neoregelia inca*, eine Bromelie, Dominikanische Republik
(Gerry Ellis/Ellis Wildlife Collection)

Obwohl sie in einigen der feuchtesten Gebiete des Regenwalds leben, ist es für Epiphyten schwierig, genügend Wasser zu bekommen. Da ihre Wurzeln nicht in den Boden dringen, sind die dort befindlichen Wasserreserven ihnen unzugänglich. So absorbieren sie Wasser aus winzigen Tröpfchen in der Luft, und einige Bromelien haben sich zu regelrechten Wassertanks entwickelt: Ihre Blatttrichter können bis zu zehn Liter Flüssigkeit speichern und bilden Oasen für zahllose im Blätterdach lebende Organismen.

165

165 ***Hagenia*-Bäume, Ruanda** (Gerry Ellis/Ellis Wildlife Collection)
Zu den Pflanzen, die neben den Bromelien auf Bäumen wachsen, gehören arboreale Kakteen, Orchideen, Farne, Moose, Lebermoose und Flechten. Das Gewicht dieser Epiphyten auf einem einzigen Baum kann gelegentlich mehrere Tonnen betragen.

166

166 ***Myrmecodia*, Aru Island** (Alain Compost/Bruce Coleman Ltd.)
Diese Epiphyte wird von winzigen Ameisen besiedelt, die nachts den Waldboden nach toten Insekten absuchen, die sie dann in ihr arboreales Nest schleppen. Die Insektenkadaver werden dort abgelagert und dienen als Kompost für „Pilzgärten", die die Ameisen in der Epiphyte angelegt haben. Die Ameisen ernähren sich von diesen Pilzen, während die Epiphyte die von den Pilzen freigesetzten Nährstoffe nutzt.

167 Zwergbeutelfrosch, Mittelamerika
(Michael Fogden/Bruce Coleman Ltd.)
Die kleinen Zwergbeutelfrösche sind häufig auf Blättern zu finden. Dieses Weibchen hat sich die befruchteten Eier von seinem Paarungspartner in den Hautsack auf dem Rücken stecken lassen, wo sie sich zu Kaulquappen entwickeln. Dann stößt das Weibchen sie sanft in einen Wassertümpel, damit sie dort ihre Entwicklung beenden.

167

168 Rot-Blauer Baumsteiger, ein Pfeilgiftfrosch
(Michael Fogden/Bruce Coleman Ltd.)

169 Genetzter Baumsteiger, ein Pfeilgiftfrosch, Peru
(Michael und Patricia Fogden)
Viele Pfeilgiftfrösche legen ihre Eier auf festem Boden ab, wo sie gewöhnlich vom Männchen – gelegentlich auch vom Weibchen – bewacht werden. Nach dem Schlüpfen kriechen die jungen Kaulquappen auf den Rücken des Weibchens, das jetzt in das Blätterdach zu klettern beginnt, um eine mit Wasser gefüllte Bromelie zu finden, in die sie vorsichtig jede Kaulquappe fallenläßt. Die Kaulquappen reifen in dem Bromelientümpel zu Fröschen heran – ernährt von der Mutter, die täglich zurückkommt, um sie mit Nahrung zu versorgen.

168

169

170 Rotaugen-Blattsteiger, Costa Rica (Michael und Patricia Fogden)
Blattsteiger verbringen den größten Teil des Tages in einem Bromelientümpel oder auf einem grünen Blatt. Die Fortpflanzung findet in der Nacht statt, nachdem das Weibchen auf das „Glucken" eines in der Nähe befindlichen Männchens reagiert hat. Oft legt es mehrere Gelege in einer Nacht. Hier ist ein Männchen abgebildet, das sich mit dem viel größeren Weibchen paart, während ein zweites Männchen (oben) versucht, gleiche Rechte geltend zu machen.

170

171 Cecropie, proteinspendende Kapseln für Ameisen, Costa Rica
(Ken Preston-Mafham/Premaphotos)

172 Cercropienblätter, Costa Rica
(Ken Preston-Mafham/Premaphotos)

Die Ameisen, die die hohlen Äste der Cecropien bewohnen, züchten saftsaugende Blattläuse und zehren von dem Honigtau, den diese ausscheiden. Die Blattläuse sind auf die Ameisen angewiesen, da sie ohne ihre Hilfe nicht die Baumrinde durchbohren können. Der Baum wird von den Ameisen dadurch belohnt, daß sie ihn vor Angreifern schützen. Als Anreiz für die Ameisen bildet der Baum überdies proteinreiche Kapseln (171) an der Basis seiner Blätter aus und liefert ihnen Nektar aus seinen Blättern. Die intakten Blätter, die hier zu sehen sind, sind charakteristisch für einen von Ameisen beschützten Baum. Cecropien können sich nicht mit chemischen Mitteln verteidigen, und die Blätter von Bäumen ohne Ameisen weisen oft Verletzungen auf.

171

172

173

173 *Dischidia*-Ranke, Südostasien (Ken Preston-Mafham/Premaphotos)
Die *Dischidia*-Ranke bildet diese hängenden Behälter aus, die von Ameisen besiedelt werden. Die Ameisen tragen zerfallende organische Materie in die Behälter, und die Ranke schickt Wurzeln hinein, um auf diese Weise Nährstoffe zu gewinnen.

174 Weberameisen, Australien (Ken Preston-Mafham/Premaphotos)
Diese Weberameisen bauen ihre Nester aus Blättern, die sie kunstvoll miteinander verbinden: Eine Ameisenlarve wird sanft von einer der Arbeiterinnen wie eine Tube Zahnpasta gedrückt, bis sie eine klebrige, seidige Substanz ausscheidet, mit der die Blattränder „vernäht" werden. Dieselbe Ameisenart kommt auch in Südostasien und Zentralafrika vor.

174

175 Roter Stummelaffe, Gambia
(Stephen Dalton/NHPA)

176 Schwarzer Klammeraffe, Peru
(Gunter Ziesler/Bruce Coleman Ltd.)
Für die behenden Affen des Blätterdachs bilden die ineinandergreifenden Bäume und die miteinander verbundenen Lianenwege hoch über dem Boden vertraute Straßen, die sie ständig benutzen. Es ist kaum nötig für sie, je auf den Waldboden hinabzusteigen. Die äußerst agilen und mobilen Klammeraffen bewegen sich mit erstaunlicher Sicherheit in den Baumkronen, indem sie ihren Schwanz als fünftes Glied benutzen. Auch der Rote Stummelaffe ist ein Baumakrobat und imstande, spektakuläre Sprünge auszuführen, aber er ist weit weniger temperamentvoll als der Klammeraffe. Der Grund dafür liegt in den jeweiligen Verdauungssystemen der beiden Arten. Während der Klammeraffe energiereiche, leicht verdauliche Früchte frißt, ernährt sich der Stummelaffe fast ausschließlich von Blättern, die er in einem zweiteiligen Magen wie ein Wiederkäuer verdaut. Eine solche Verdauung braucht Zeit – daher die gemächlichere Lebensweise des Stummelaffen.

175

176

177 Zwergmaki, Madagaskar
(Ken Preston-Mafham/Premaphotos)
Der Zwergmaki, einer der kleinsten aller Primaten, bewegt sich recht gewandt durch die Baumkronen. Am Tage schlafen Gruppen von bis zu 15 Weibchen und Jungen in Nestern, die sich im dichten Laubwerk oder in Baumhöhlen befinden; nachts verteilen sie sich und suchen getrennt nach Nahrung, hauptsächlich Früchten.

178

179

179 Kannenpflanze, Madagaskar

(O. Langrand/Bruce Coleman Ltd.)

Kannenpflanzen gehören zu den relativ wenigen fleischfressenden Pflanzen in der Welt. Sie fangen, ertränken und verdauen Insekten in ihren mit Flüssigkeit gefüllten Kannen. Viele fleischfressende Insekten machen sich dies zunutze und ernähren sich von den toten Tieren. In einer einzigen Kannenpflanze wurden nicht weniger als 27 Arten gezählt. Obwohl sie häufig in südostasiatischen Wäldern zu finden ist, ist diese Art in Madagaskar endemisch.

178 Kletternde Ranke des Pfeffers, Borneo

(Ken Preston-Mafham/Premaphotos)

Nicht-verholzte Kletterpflanzen wie diese Pfeffer-Ranke sind weit verbreitet im Wald, besonders in offeneren Gebieten mit viel Licht, wo die Pflanze oft eine dichte Decke bildet. Wie alle Kletterpflanzen und Epiphyten sparen sie dadurch Energie, daß sie sich von anderen Pflanzen tragen lassen.

180

180 Würgerfeige, Queensland, Australien (Kathie Atkinson/OSF)
Würgerfeigen wachsen in allen tropischen Wäldern der Welt und beginnen ihr Leben als winziger Samen, der sich im Blätterdach niederläßt. Die kleine Pflanze wächst auf ihrem Wirt, bis sie groß genug geworden ist, um lange Wurzeln auf den Boden zu schicken, wo sie Nährstoffe und Wasser aufsaugt. Die Wurzeln verstärken sich und ähneln schließlich mächtigen Stämmen. Mittlerweile hat die Feige die Nährstoffe absorbiert, die eigentlich dem ursprünglichen Baum zugedacht waren, den sie jetzt völlig überschattet. Der Baum stirbt und verrottet schließlich. Zurück läßt er eine hohle Feige, deren Stamm aus einem Netzwerk riesiger hölzerner Wurzeln gebildet wird.

Kapitel 8

Vom Tod zum Leben – ein unaufhörlicher Kreislauf

Professor David Bellamy

Mehr als in jeder anderen Umwelt ist im Regenwald der Tod die Quelle neuen Lebens. Tote Blätter, Zweige, Blüten und Insekten fallen in einem ständigen Regen von den Bäumen und bedecken den Waldboden; gelegentlich sieht man auch den Körper eines größeren Tieres. Aber nichts bleibt lange liegen: Jeder Abfall wird schnell von einer Vielzahl von Mikroorganismen beseitigt – von Pflanzen und Tieren, die als Zersetzer bekannt sind. Sie ernähren sich von der toten Materie und zersetzen sie, so daß schließlich jedes ihrer wertvollen Moleküle wieder den Grünpflanzen zur Verfügung steht. Dieses äußerst wirksame Recycling-System bietet eine Erklärung für die Fülle des Regenwalds; denn paradoxerweise beruht sein üppiges Wachstum in fast allen Fällen auf einem Boden, der sauer und arm an Nährstoffen ist.

Per definitionem bestehen Regenwälder aus Bäumen, von denen jeder eine hocheffiziente chemische Fabrik ist, die die Sonnenenergie zusammen mit dem Regenwasser, das dem Wald seinen Namen gegeben hat, und dem Kohlendioxid aus der Atmosphäre in einem als Photosynthese bezeichneten Prozeß verarbeitet. Das Ergebnis ist Energie – unverzichtbar für das Wachstum der Bäume und für die Herstellung einer ganzen Reihe komplexer Biochemikalien: Zucker, Aminosäuren, Proteinen, Zellulosen, Tanninen, Holzstoffen, Fetten, Wachsen, Hormonen, Drogen und Duftstoffen, um nur einige zu nennen. Manche multinationale Gesellschaft wäre stolz, sich einer solchen Vielfalt von Produkten rühmen zu können, aber es gibt keinen von Menschen errichteten Industriekomplex, der derart viele und unterschiedliche biochemische Produkte unter Verwendung so weniger Ressourcen auf ökonomisch so gut genutzten Flächen ohne schädliche Vergeudung von Nebenprodukten herstellen könnte.

Wir müssen freilich einräumen, daß Bäume die stärksten Abfallerzeuger der Welt sind. Es gibt nicht so etwas wie ein immergrünes Blatt. Jedes Blatt

---

181 Zu Boden gefallenes Schildblatt einer Urwaldpflanze, Puerto Rico

(Gerry Ellis/Ellis Wildlife Collection)

Der Schlüssel für den Reichtum der Wälder ist auf dem dunklen Waldboden zu finden: Eine dünne Schicht toter pflanzlicher und tierischer Materie enthält alle Nährstoffe, die die Pflanzen zum Wachstum brauchen. Aber zunächst müssen sie in Fragmente zerlegt werden, mit denen die Pflanzen umgehen können. Sobald ein totes Blatt oder Insekt auf dem Boden landet, beginnt eine ganze Schar von Organismen das Material zu verarbeiten – es zu zerkleinern, zu zerkauen, zu verdauen und zu absorbieren. So gehen keine der Nährstoffe, die der Wald zu seiner ständigen Verjüngung benötigt, verloren.

gelangt schließlich an das Ende seines produktiven Lebens und fällt zu Boden. Aber noch ehe es ihn erreicht, wird jede der Biochemikalien, die es enthält, seiner Verwendung, und jede seiner Komponenten von einem komplexen und phantastischen Netz von Organismen, die als Zersetzer bezeichnet werden, einer Wiederverwertung zugeführt. Ihnen gehören Vertreter aller vier Hauptbereiche des Lebens an: die Prokaryoten, einschließlich der Bakterien und Blaugrünen Algen; die Pilze, einschließlich der Schirmpilze, Schimmelpilze und Schleimpilze; die Grünpflanzen, wie die Algen; und die Tiere, von Einzellern bis zu Säugetieren. Der Wald wimmelt von ihnen: Millionen über Millionen von Individuen auf jedem Quadratmeter, jedes mit einer wichtigen Aufgabe – und obwohl bis heute weniger als ein Prozent von ihnen nomenklatorisch erfaßt worden sind, verdiente jedes die Auszeichnung eines lateinischen Namens.

Der Regenwald ist ein vollkommen ausbalanciertes, sich selbst erhaltendes System, das zu seiner Erhaltung auf Wiederverwertung angewiesen ist. Jedes Blatt auf jedem einzelnen Baum hat eine Lebensgeschichte, die so subtil mit allen anderen verwoben ist, daß sie als Schlüssel zum Verständnis der Ökonomie des Ökosystems des Regenwaldes dienen kann.

Jedes Blatt beginnt sein Leben als eine gesonderte Gruppe von Zellen in der Spitze eines Stammes – als Knospe, die sich eines Tages in ein grünes Kraftwerk entwickeln wird. Das junge Blatt kann so schnell wachsen, daß seine Größe die Kapazität des ganzen Systems überfordert; das neue Gewebe wird nicht mehr in ausreichendem Maße unterstützt und erschlafft. Gewöhnlich besitzt es jedoch noch genügend rote Pigmente, um das empfindliche Chlorophyll vor zuviel Sonnenlicht zu schützen. In diesem Stadium sind die Blätter sehr zart und gegenüber Angriffen von Insekten überaus empfindlich; viele fallen ihnen in der Regel zum Opfer. Blätter, die auf Myrmekophyten wachsen, sind jedoch gegen diese Angriffe gefeit – durch „Wächter". Myrmekophyten sind Bäume, die in einer Symbiose – zum gegenseitigen Nutzen – mit Ameisenkolonien leben. Der Baum bietet den Ameisen eine Heimstatt und eine Nahrungsquelle, und sie verteidigen als Gegenleistung den Baum, ihr Habitat, vor den Angriffen anderer Lebewesen. Das Arrangement kommt also beiden Parteien zugute.

Die überlebenden Blätter entwickeln gewöhnlich eine dicke Kutikula, um den Wasserverlust in Zeiten höchster Beanspruchung auf ein Mindestmaß zu beschränken, und eine Abtropf-Vorrichtung, um Regenwasser rasch von der Blattfläche zu entfernen. Einige Blätter besitzen auch spezielle Motorzellen an ihrer Basis. So beginnen sie ihr Leben als Teil der photosynthetischen Maschinerie des Waldes. Die Motorzellen ermöglichen es dem Blatt, sich zu drehen, damit die grünen Solarzellen sich nach der Richtung und Intensität des Sonnenlichts ausrichten können. Hoch oben im Laubdach, unter der vollen Kraft der tropischen Sonne, kann ein Blatt sich überhitzen und absterben; deshalb dreht es seinen Rand der einfallenden Strahlung zu. Doch wenn Wolken die Sonne verdunkeln, richtet es seine Blattfläche wieder dem Licht entgegen. Wenn es in den dunkleren Schichten des Waldes wächst, dreht es sich so, daß es soviel wie möglich von der diffusen Strahlung empfängt, die durch das Blätterdach sickert.

Diese erstaunliche Anpassung, die es dem Blatt ermöglicht, den photosynthetischen Prozeß je nach den Gegebenheiten an- oder abzuschalten, zeigt, in welchem Maße die ganze Struktur des Blattes, seine zellulare

Anatomie und Chemie darauf ausgerichtet sind, jede Chance zu ergreifen und voll zu nutzen, doch zugleich Überbeanspruchungen und Schäden soweit wie möglich zu vermeiden. Diesem Zweck ist alles andere untergeordnet, denn wenn einmal das System auf irgendeine Weise Schaden genommen hat, verlieren die zahllosen, Krankheiten und Zerfall fördernden Organismen, die nur auf einen solchen Augenblick gewartet haben, keine Zeit, eine solche günstige Gelegenheit für sich auszunutzen.

Von einem Tag zum anderen gesehen, befinden sich Aufnahme und Verarbeitung von Kohlendioxid und Sauerstoff in einem gewissen Gleichgewicht – sowohl innerhalb des Ökosystems des Waldes als auch innerhalb der Atmosphäre, an der alles Leben der Erde teilhat. Regenwälder laden die Atmosphäre nicht wieder mit Sauerstoff auf, sie erschöpfen auch nicht ihre Kohlendioxid-Reserven, aber die gesamte lebende Masse – Stämme, Äste, Blätter, Pflanzen und Tiere – besitzt einen großen Vorrat an Kohlenstoff. Und wenn er verbrannt wird, wird Kohlenstoff zu Kohlendioxid – ein potentielles Treibhausgas. Wenn der Wald zerstört wird, wird auch das Gleichgewicht in der Erdatmosphäre zerstört, denn ein großer Teil des Kohlendioxids gelangt auf diese Weise in die Luft und trägt so zu dem verheerenden Treibhauseffekt bei.

Dieser gewaltige Kohlenstoffvorrat wird von lebenden Wurzeln bewahrt – von Wurzeln, die den Boden und ein gewaltiges Wasserreservoir binden. Dieses Wasser wird Tag und Nacht von den Bäumen aufgesogen, um den Lebensprozeß jedes Blattes aufrechtzuerhalten. Ein Teil wird als Rohmaterial für die Photosynthese verwendet, während der Rest aus den Blättern verdunstet, sie kühl hält und die Luft darüber mit Wasserdampf sättigt. Von der Außenwelt durch das Blätterdach weitgehend isoliert, bildet der Wald also eine Insel der Feuchtigkeit. Er verbessert das tropische Klima, verhindert die Ausbreitung von Wüsten – und trägt dazu bei, das lokale, regionale und sogar globale Klima zu bestimmen. Das sind nur einige der Funktionen der tropischen Regenwälder und der Myriaden ihrer Blätter.

Jedes dieser Blätter stirbt einmal. Um sich auf den Verlust eines Blattes vorzubereiten, entzieht der Baum ihm wichtige Mineralien, wie Phosphate, Nitrate und Kalium, die vorübergehend im Stamm gespeichert werden. Dann wird das sterbende Blatt, das sich bereits zu lösen beginnt, von seiner Versorgung mit Wasser, Salzen und Glucosen abgeschnitten. Nach wenigen Augenblicken der Freiheit, in denen es durch das Laubdach segelt, wird jedes Blatt sofort Teil des Zersetzungs- und Recyclingprozesses. Sobald es den Boden erreicht, machen sich zahllose im Schatten lebende Pilze und Bakterien daran, das Potential des Blattes zu nutzen, indem sie die jetzt zerfallenden Gewebe aufweichen und zersetzen. Alle möglichen Insekten und andere auf dem Boden lebende Kreaturen beteiligen sich an dem Vorgang, bei dem jede Kalorie in Energie umgesetzt und jedes Molekül in Nährstoffe umgewandelt wird.

Pilze spielen die Schlüsselrolle in diesem unerhört wirksamen Recyclingsystem. Wir bemerken sie gewöhnlich nur, wenn ihre Fruchtkörper – Schirmpilze, Boviste und dergleichen – sich bilden, um die Sporen an das Tageslicht zu tragen, aber der ganze Waldboden ist durchzogen von ihren mikroskopisch kleinen, haarförmigen Zellfäden – der Form, in der sie den größten Teil ihres Lebens verbringen. Pilze decken ihren Kohlenstoffbedarf nicht durch Photosynthese, sondern ernähren sich mit Hilfe spezieller

Enzyme von toter organischer Materie und geben bei diesem Prozeß Nährstoffe frei, die von anderen Pflanzen genutzt werden. Besonders wichtig für das Ökosystem sind die Mycorrhiza-Pilze, die ihre Fäden um und sogar in die Wurzeln der Laubdachbäume weben, um sich von deren Zucker und Stickstoff enthaltenden Substanzen zu ernähren. Als Gegenleistung entnehmen die Wurzeln dem Pilz die Mineralien, die er aus den Abfallstoffen des Waldes absorbiert hat. So sind die größten und die niedrigsten Pflanzen des Waldes in einer Symbiose miteinander verbunden, die aus Tod und Verfall neues Wachstum und neues Leben gewinnt.

Der ständige Regen toter Materie – Blätter, Zweige und Blüten – aus dem Laubdach wird zusammen mit den Kadavern großer und kleiner Tiere von den Zersetzern in Komponenten verwandelt, die von den Grünpflanzen, der Basis der Nahrungskette des Waldes, wiederverwendet werden können. Nichts davon darf verlorengehen, denn wenn der Lebenszyklus des Regenwalds einmal unterbrochen wird, werden die kostbaren Mineralien ausgefiltert und vom Regenwasser fortgespült. Der bereits ausgelaugte und saure Boden ist dann nicht mehr imstande, den Wald zu erhalten.

So verjüngt der Wald sich ständig neu, ohne Ansprüche an seine Umgebung zu stellen. Doch mit jedem Hektar trägt er dazu bei, den Rest der Welt zu bereichern – sowohl durch die Materialien, die er liefert, als auch dadurch, daß er lebenswichtige Funktionen im Gleichgewicht der Natur wahrnimmt. Am erstaunlichsten ist vielleicht dabei, daß er in seinem natürlichen Zustand nicht einen Pfennig kostet, nicht eine Kalorie fossiler oder atomarer Brennstoffe, nicht ein Gramm unersetzlicher Ressourcen.

Nichtsdestoweniger werden jeden Monat eine Million Hektar zerstört – eine Million Hektar eines Systems, das mindestens der Hälfte aller Pflanzen- und Tierarten auf der Erde Leben schenkt. Wenn die gegenwärtige Zerstörungsrate anhält, werden in 40 Jahren keine größeren Gebiete mehr übrig sein. Die Klimate ändern sich, die Wüsten breiten sich aus, und schon jetzt leiden Menschen. Am Ende dieses traurigen Jahrhunderts werden über eine Million Arten des Regenwalds ausgestorben sein, und ein Drittel des Acker- und Weidelands der Erde wird sich in eine Halbwüste verwandelt haben. Die globalen Folgen der Zerstörung des Regenwalds sind mit ihren Implikationen weitaus schrecklicher als ein begrenzter Atomkrieg. Die Zerstörung muß aufgehalten werden, bevor es zu spät ist.

---

182 Schnecke auf einem Bambus, Puerto Rico (Gerry Ellis/ Ellis Wildlife Collection)
Pflanzen enthalten bestimmte Grundnährstoffe, die nicht von Tieren hergestellt werden können. So sind Herbivoren zunächst auf Pflanzen angewiesen, um die Nährstoffe zu erhalten, die sie dann gleichsam aus zweiter Hand verarbeiten. Diese Herbivoren werden ihrerseits von Carnivoren gefressen. So bleiben die Nährstoffe in jedem Glied der Nahrungskette aktiv – vom kleinsten Sämling bis zum größten Fleischfresser.

183

183 Blattschneider-Ameisen, Costa Rica (Ken Preston-Mafham/Premaphotos)
Die in den tropischen Wäldern Amerikas häufig vorkommenden Blattschneider-Ameisen zerkleinern riesige Pflanzenmengen. Sie tragen dann die einzelnen Stücke der Blätter – und manchmal der Blüten –, die sie zerteilt haben, in ihre unterirdischen Nester, wo sie von Arbeiterinnen weiter zerkleinert und verarbeitet und schließlich mit Pilzsporen ausgesät werden. Die daraus entstehenden Pilzgärten versehen die Ameisen mit Nahrung.

184 Blattgerippe auf Lebermoos, Puerto Rico (Gerry Ellis/Ellis Wildlife Collection)

185 *Erythrina*-Blüte, Puerto Rico (Gerry Ellis/Ellis Wildlife Collection)

186 Blätter in Wasser, Australien (Leo Meier/Weldon Trannies)

187 Poinsettia-Blätter, Puerto Rico (Gerry Ellis)
Jedes Blatt, das im Regenwald zu Boden fällt, wird Teil der Laubstreu – einer dünnen Schicht organischer Materie in verschiedenen Stadien des Zerfalls. Diese Blätter werden bald nicht mehr wiederzuerkennen sein. Die von Licht, Wärme und Feuchtigkeit mit Energie versorgte Produktionsrate im Wald ist enorm hoch. Sie wird von einer gleich hohen Zersetzungsrate in einem dynamischen Gleichgewicht gehalten.

184

185

186

187

188

188 Tiegel-Teuerlinge, Costa Rica (Michael und Patricia Fogden)

189 Becherlinge, Costa Rica (Michael und Patricia Fogden)

190 Seestern-Pilz, Papua-Neuguinea (C & D. Frith/Bruce Coleman Ltd.)

Pilze in einer Vielfalt von Formen, Größen und Farben zersetzen einen großen Teil der Regenwaldstreu. Da sie auf dem dunklen Waldboden leben, können sie keine Energie aus Sonnenlicht und Photosynthese gewinnen. Statt dessen ernähren sie sich von der toten organischen Materie des Waldes. Den größten Teil ihres Lebens verbringen sie als winzige Fäden, die pflanzliches Gewebe durchdringen und Substanzen ausscheiden, die dieses Gewebe zersetzen, um Nahrung zum Wachstum daraus zu ziehen. Unter gewissen Bedingungen bilden mehrere dieser Fäden das, was wir als Pilz bezeichnen – ein pflanzliches Gebilde, das Sporen zur Vermehrung produziert.

189

190

191

191 Roter Schwindling, Costa Rica (Michael und Patricia Fogden)
Diese winzigen Schirme haben nur einen Durchmesser von 6 Millimetern. David Bellamy hat gesehen, wie die Auka-Indianer des Amazonas-Waldes sie mit bemerkenswertem Erfolg verwendeten, um Durchfall bei Kleinkindern zu heilen. Eine aus den Pilzen hergestellte Paste wurde auf der Brust der Mutter aufgetragen und dem Baby mit der Milch verabreicht.

192

192 Gelber Hartbovist, Costa Rica (Michael und Patricia Fogden)
Bestimmte Pilze wachsen nur auf bestimmten Stoffen, die sie zersetzen, während sie Nahrung aus ihnen gewinnen. Die Roten Schwindlinge (191) gedeihen offensichtlich nur auf toten Blättern. Obwohl diese Boviste direkt aus dem Boden zu wachsen scheinen, haben sie sich auf einer bestimmten Art von totem Holz angesiedelt.

193

194

195

193 Morchel, unbeschriebene Art, Costa Rica (Michael und Patricia Fogden)

194 Pilz im Nebelwald, Ostafrika (Peter Ward/Bruce Coleman Ltd.)

195 Korallenpilz, Sabah (Ivan Polunin/NHPA)

Um sich zu vermehren, produzieren Pilze Sporen, die verbreitet werden müssen, und wie andere Pflanzen brauchen sie dazu die Hilfe von Insekten. Der Morchel erzeugt eine übelriechende Flüssigkeit, die Fliegen anzieht. Sie nehmen an ihren Füßen Sporen auf und breiten sie dann aus. Andere Pilze platzen und setzen dabei ihre staubähnlichen Sporen frei. Wiederum andere dringen in Insekten ein, die sich von den Pflanzen entfernen und dann sterben. Die Pilze ziehen aus ihren toten Körpern Nährstoffe, wachsen und geben ihre Sporen wiederum an andere Insekten weiter.

196

196 Termiten-Arbeiterinnen beim Einbringen toter Blätter, Malaysia

(Ken Preston-Mafham/Premaphotos)

Es gibt etwa 2000 Termitenarten in den Wäldern der Welt. Alle scheuen sie Licht und Trockenheit und leben in kunstvoll angelegten Schlammhügeln oder in Nestern unter der Erde. Sie sind unentbehrliche Zersetzer pflanzlicher Materie und säubern den Waldboden, indem sie abgestorbene Holzreste vertilgen, die sie mit Hilfe verschiedener, in ihrem Darmtrakt lebender Mikroorganismen verdauen.

197

197 Tropischer Fleckenfalter, Peru (Ken Preston-Mafham/Premaphotos)
Viele Schmetterlinge leben von tierischem Abfall, beispielsweise Urin und Kot. Dadurch ergänzen sie den Salzverlust, der vor allem bei der Produktion von Sperma entsteht. So tragen auch sie dazu bei, die Nährstoffe wieder zu verwerten, die sonst durch den Regen aufgelöst und fortgeschwemmt worden wären.

198

198 Wanderameisen bei der Nahrungssuche, Trinidad
(David Thompson/OSF)
Die Ameisen des Regenwalds fressen nicht nur lebende Insekten, sondern auch Aas. Sie können jeden Kadaver, den sie auf dem Waldboden finden, innerhalb kurzer Zeit zerlegen. Die hakenähnlichen Mundwerkzeuge dieser Wanderameisen sind so stark, daß sie von Indianern benutzt wurden, um Schnittwunden zu „vernähen": Die Ameise wird dazu veranlaßt, in beide Seiten der Wunde zu beißen und dadurch die Haut zusammenzuziehen. Danach wird der Körper der Ameise entfernt.

Kapitel 9

Die Menschen des Waldes

Robin Hanbury-Tenison

Wenn du deine Umwelt beschädigst, wird sie dir nicht mehr geben, was du zum Leben brauchst. Dieser einfachen, aber existenziellen Wahrheit folgen instinktiv alle Lebewesen des Tierreichs. Nur der Mensch hat sie allzu oft ignoriert. Die Folgen können schrecklich sein. Aber in vielen der uralten tropischen Regenwäldern leben Menschen, die die Notwendigkeit verstehen, das ausgewogene Gleichgewicht des Ökosystems zu erhalten, von dem sie abhängig sind. Im Laufe der Jahrtausende haben Waldvölker immer raffinierter werdende Methoden gefunden, ihre Umwelt zugleich zu nutzen und zu bewahren. Wir könnten ihrem Beispiel folgen und aus ihren Erfahrungen lernen; doch die Chancen, das zu tun, werden immer geringer. Denn die Menschen des Regenwalds, abgeschrieben und ausgebeutet bei der Jagd nach finanziellem Reichtum, verlieren ihre kulturelle Identität, ihre Freiheit und selbst ihr Leben mit jedem Hektar Wald, der zerstört wird.

Die Regenwälder waren bereits viele Jahrmillionen alt, als die ersten Jäger und Sammler sich in ihr weites und unbekanntes Innere wagten. Die Wälder Südostasiens waren die ersten, die – vor etwa 40 000 Jahren – besiedelt wurden; viel später betraten die Menschen auch diejenigen Amerikas und Afrikas. Die nomadisch lebenden Ureinwohner besaßen wahrscheinlich nicht viel mehr als ihre Intelligenz und Findigkeit. Als sie immer tiefer in den Wald eindrangen, begannen sie jedoch zu entdecken, wie sie ihren Lebensunterhalt aus der Welt, die sich um sie herum auftürmte, gewinnen konnten.

Seitdem die ersten Jäger und Sammler gelernt haben, welche Früchte die süßesten waren und welches Wild das beste, welche Lianen die Wunden heilten und welche das tödliche Pfeilgift lieferten, haben sie ihre Kenntnisse und Erfahrungen von einer Generation zur nächsten weitergereicht. Im

---

199 Chief Raoni, Brasilien (Bill Leimbach/South American Pictures)
Raoni, ein Häuptling der Kayapo-Indianer, ist ein Symbol für den weltweiten Kampf zur Erhaltung der tropischen Regenwälder geworden. Jahrtausende hindurch haben Raonis Vorfahren im Wald gelebt: Er hat ihnen das gegeben, was sie zum Leben brauchten, und er ist von ihnen mit großer Achtung behandelt worden. Heute sehen die Indianer, wie große Teile ihres Territoriums buchstäblich in Rauch aufgehen, um Raum zu schaffen für Viehfarmen, Bergwerke und Ackerland. Diese Gebiete werden wahrscheinlich nie wieder imstande sein, einen Regenwald zu tragen. Mit dem Verlust ihres Landes verlieren die Waldvölker überall in der Welt ihre Existenzgrundlage – zusammen mit ihrer außerordentlichen Kultur, die sich im Laufe von Jahrtausenden verfeinert hat, um ihnen zu ermöglichen, in harmonischem Gleichgewicht mit dem komplexesten Ökosystem zu leben, das es auf der Erde gibt.

Laufe der Jahrhunderte hat sich dieses Wissen vermehrt, und heute sind die wenigen traditionellen Waldvölker, die es noch gibt – etwa tausend Stämme, die über Zentralafrika, Südamerika und Südostasien verteilt sind –, die einzigen, die das komplexeste aller Ökosysteme wirklich verstehen – ihre Heimat, den Regenwald.

Dieses Verständnis hat Kulturen entstehen lassen, die vor allem von dem Bewußtsein der Dankbarkeit gegenüber dem Wald geprägt sind, der alles zum Leben Notwendige bietet: Nahrung, Schutz, Werkzeuge, Medikamente und so weiter. Deswegen wird er mit unerhörtem Respekt, fast mit Verehrung behandelt; ihn zu mißbrauchen wird als Verbrechen betrachtet. Wir sollten die Waldvölker, deren Leben alles andere als idyllisch ist, jedoch nicht in einem zu romantischen Licht sehen: Die Gründe für ihre nichtdestruktive Lebensweise sind äußerst praktischer Natur. Dank einer Einsicht, die in unserer Gesellschaft leider fehlt und die auf wirklich verheerende Weise von allen ignoriert wird, die sich in diesem Augenblick mit Bulldozern ihren Weg durch die Bäume bahnen, wissen die Menschen des Waldes nur allzu gut, daß eine Umwelt, die zerstört wird, nicht mehr die Bedürfnisse ihrer Bewohner befriedigen kann.

Dieses einfache, aber unabdingbare Prinzip bestimmt jeden Aspekt des Lebens der Regenwald-Völker, beispielsweise das der Yanomami-Indianer am Amazonas. Die Yanomami, der größte nicht-zivilisierte Stamm in beiden Amerikas, sind ein stolzes Volk mit tiefreligiösen Vorstellungen, die ihnen von ihrem Schamanen, dem Mystiker und Medizinmann, der in vielen Stammesgesellschaften zu finden ist, vermittelt werden. Eigentlich Sammler und Jäger, gewinnen die Yanomami einen großen Teil ihrer Nahrung durch landwirtschaftlichen Anbau, aber – bemerkenswert in einem Regenwald, wo der bereits ausgelaugte Boden gewöhnlich nach wenigen Jahren der Bestellung unfruchtbar wird – einem Anbau, der das Land nicht als Wüste zurückläßt.

Tief im Wald roden die Yanomami kleine Gebiete, in denen sie eine große Vielfalt von Pflanzen anbauen, deren Nutzung weit über die Nahrungsbeschaffung hinausreicht und Heilmittel ebenso einschließt wie Mittel der Magie. In ihrem verwirrenden Artenreichtum imitieren die Gärten der Yanomami die Vielfalt des Waldes und ahmen die Lebensbedingungen des natürlichen Ökosystems nach. So werden die Tiere, die für die Reproduktion des Waldes notwendig sind, erhalten; Palmen und Sträucher unterschiedlicher Höhe schützen andere, unter ihnen wachsende vor den sengenden Strahlen der tropischen Sonne und werden ihrerseits von den hohen Bäumen am Rande der Rodung beschattet, während die vielen Pflanzen und die Wurzeln der stehengebliebenen Baumstümpfe die Nährstoffe des Bodens binden. Das ist „Waldackerbau" in Reinkultur – die Basis, auf der Wissenschaftler jetzt Methoden für erfolgreiche Agrartechniken in den Tropen entwickeln.

Die umgebenden Bäume und die anderen Pflanzen breiten rasch wieder ihre Samen auf den kleinen Rodungen aus. Denn die Yanomami überlassen ihre Gärten fast genauso schnell wieder dem natürlichen Wachstum, wie sie sie gerodet haben, aber bearbeiten sie mehrere Jahre weiter, bevor sie zu einer neuen, fruchtbareren Stätte ziehen. So regeneriert sich der Wald wieder, und der Boden erlangt seine frühere Fruchtbarkeit zurück. Nach etwa einem Jahrzehnt sind die Gärten nicht mehr zu erkennen. Nur die

Yanomami wissen, wo sie den Boden bestellt haben, und kehren nach etwa 50 Jahren zurück, um beispielsweise die Früchte einer Pfirsichpalme *(Guilielma)* auf einem Areal zu ernten, das bereits kräftige junge Bäume enthält. Solche vorübergehenden Eingriffe in das Ökosystem können sogar nützlich sein. Das alles ist eine wirklich erfolgreiche Forstwirtschaft und weit von der Massenrodung entfernt, die heute so weit verbreitet ist und von der sich das Land nie erholt.

Es gibt viele Beispiele einer solchen behutsamen Behandlung der Umwelt durch die Waldvölker. Westliche Wissenschaftler haben Jahre gebraucht, um die Bedeutung der Beziehungen zwischen den Arten für das Ökosystem des Waldes zu begreifen; die nomadischen Penan, ein Jäger-und-Sammler-Volk auf Borneo, haben sie schon seit je her verstanden und sogar Maßnahmen ergriffen, sie zu pflegen. Sie bemühen sich besonders, die Bartschweine, deren Herden sie folgen, nicht übermäßig zu dezimieren, und achten ebenso darauf, bestimmte Bäume nicht zu fällen, darunter die mächtigen Dipterocarpaceae (Zweiflügelfruchtgewächse), die zum Entsetzen der Penan allzu oft den Kettensägen der Holzfäller zum Opfer fallen. Die Penan hüten sich, diese Bäume zu fällen, da die Schweine sich von ihren Früchten ernähren, und sie töten nicht zu viele Schweine, da die Bäume ihrerseits auf sie als Samenausbreiter angewiesen sind. Wenn sie eine Art zerstören würden, würde die andere darunter leiden – und damit schließlich auch die Penan.

Eine nomadische Lebensweise wie die der Penan bietet den bestmöglichen Zugang zu den Ressourcen des Waldes, während sie zugleich den Schaden begrenzt, der durch ihre Nutzung entsteht. Die Baka im zentralafrikanischen Kamerun sind ebenfalls seit alters her Nomaden, obgleich sie jetzt die Hälfte des Jahres in festen Dörfern verbringen. Doch noch liefert ihnen der Wald das meiste von dem, was sie brauchen. Ihre halb seßhafte Lebensweise ist kein Zeichen für eine kürzlich erfolgte Kulturaneignung (wie es häufig bei traditionell nomadischen Völkern der Fall ist), sondern ein Arrangement, das wahrscheinlich schon Jahrhunderte alt ist und das ihnen gestattet, in den Plantagen der benachbarten Dörfer zu arbeiten, um die Güter zu erlangen, die sie benötigen, aber nicht selbst herstellen können.

Die Baka sind eine von mehreren Stammesgruppen, die als Pygmäen bekannt sind (sie selbst lehnen den Namen ab) und die in ausgedehnten Familiengruppen von vielleicht 30 Individuen in den Wäldern Zentralafrikas leben. Die Gesellschaftsstruktur dieser friedlichen und humorvollen Menschen ist nur schwach ausgeprägt, und sie neigen dazu, Konflikte innerhalb der Gemeinschaft dadurch auszutragen, daß sie sich über die Protagonisten lustig machen – eine sehr kluge Verfahrensweise in einer Gruppe, die so stark auf ihren inneren Zusammenhalt angewiesen ist.

Wie die Yanomami sind die Baka bis zu einem gewissen Grade auf landwirtschaftliche Erzeugnisse, insbesondere auf stärkehaltige Nahrungsmittel, angewiesen; aber vor allem sind sie Jäger und Sammler. Gegen Ende der Trockenzeit, wenn die Kaffee- und Kakaoplantagen abgeerntet sind und Wild in der Umgebung des Hauptlagers selten wird, beginnen die Baka unruhig zu werden. Schließlich brechen sie auf und ziehen in den Wald. Hier leben sie völlig nach herkömmlicher Weise, ziehen in kleinen Gruppen umher, wobei ihre wenigen Habseligkeiten von den Frauen in großen Körben transportiert werden, und holen aus jedem Gebiet, das sie durchstreifen, das heraus, was es zu bieten hat: Wild, Fische, Pilze, Yamswurzeln, Früchte oder Insekten.

Vertraut mit allem, was im Wald geschieht, „lesen" die Baka die Zeichen, die ihnen den Weg zu möglichen Nahrungsquellen weisen: ein paar schwache Spuren, eine halbverzehrte Frucht, die Bewegung von Blättern hoch oben in den Bäumen, der Ruf eines bestimmten Vogels oder das Aufblühen eines bestimmten Strauchs. So können sie zum Beispiel aus dem Flugweg einer Biene oder selbst aus ihrem Summen oben im Blätterdach erraten, wo sich ihr Nest befindet. Später erklettern sie den Baum trotz seiner schwindelerregenden Höhe und holen sich die Honigwaben aus dem Nest.

Wenn sie durch den Wald ziehen, errichten die Baka kleine Jagdlager, wobei sie ein begrenztes Gebiet roden, aber die großen Bäume stehenlassen, denn abgesehen von Umweltbedenken würde es Stunden dauern, sie zu fällen. Die Frauen binden junge Bäume zu igluförmigen Hütten zusammen und bedecken sie mit großen Blättern – einem ungeschulten Betrachter mögen sie in dem gesprenkelten Licht des Waldbodens wie natürliche Laubhaufen erscheinen. Am Abend wird vielleicht getanzt, oder es wird am offenen Feuer eine Geschichte erzählt, die der Unterhaltung dient, aber auch den Wald feiert und darauf abzielt, die Tiere für die morgige Jagd zu schwächen. Nach einigen Tagen zieht die Gruppe weiter. Eine Woche später ranken sich neue Pflanzen um die Hütten des verlassenen Lagers; gelegentlich schlagen die zum Bau der Hütten verwendeten jungen Bäume sogar Wurzeln und bilden frische grüne Triebe aus.

Die Baka beginnen ihre lange Wanderung durch den Wald mit dem Einsetzen der Regenzeit, denn diese kündigt das Reifen der Früchte des wilden Mangobaums an. Wilde Mangos werden nicht nur ihres saftigen Fleisches wegen geschätzt, sondern auch wegen ihrer ölhaltigen Kerne. Da auch Tiere gern die Früchte fressen, ist Wild reichlich vorhanden und leicht auf dem feuchten Boden zu verfolgen. Ein sicheres Gefühl für die Jahreszeiten und die Art, in der die Pflanzen und Tiere des Waldes auf sie reagieren, ist allen diesen Völkern gemein, die dadurch ihre Umwelt auf bestmögliche Weise nutzen können. Die Yanomami sammeln beispielsweise im Laufe der Zeit, in der sich der Zyklus des Waldes vollendet, mehr als 500 wilde Pflanzenarten, abgesehen von Früchten, Fischen, Fröschen und sogar Insekten wie Raupen und Termiten, die sie im gleichen Zeitabschnitt sammeln bzw. jagen, so daß ihr Speisezettel selten an zwei aufeinanderfolgenden Tagen der gleiche ist.

Unter all den verschiedenen Lebensformen des Waldes sind nur die Menschen imstande, in jeden Teil ihrer Umwelt zu gelangen – und selbst Verteidigungsmaßnahmen zu ihrem eigenen Vorteil zu nutzen. Die ersten Jäger und Sammler müssen sehr experimentierfreudig gewesen sein, denn ihre heutigen Nachkommen kennen die individuellen Eigenschaften von buchstäblich Tausenden von Pflanzen. In vielfältiger Weise machen sie Gebrauch von der Chemie des Waldes – nicht selten gerade von der Chemie, die die Pflanzen entwickelt haben, um sich vor Angreifern zu schützen. Von Generation zu Generation sind Pflanzen gefunden worden, die den Schmerz betäuben, die Wunden heilen, die das Fieber senken, die Visionen auslösen, die die Empfängnisbereitschaft steigern oder mindern, die stimulieren oder beruhigen; Gifte sind entdeckt worden, die Fische oder Wild töten, aber harmlos sind, wenn sie geschluckt werden.

Nicht mehr als ein Prozent der Pflanzen des tropischen Regenwalds sind von westlichen Wissenschaftlern auf ihren potentiellen Nutzen hin untersucht worden – und das, obgleich etwa 40 Prozent der Medikamente, die heute verschrieben werden, pflanzlichen (vorwiegend tropischen) Ursprungs sind. Zwar haben die Wissenschaftler in den letzten Jahren begonnen, die Heilkundigen der Waldvölker ernstzunehmen, doch wurden viele Heilmittel erzeugende Pflanzen nur „entdeckt", weil sie einen Platz in der traditionellen Medizin fanden. Das anmutige Rote Immergrün aus Madagaskar und Afrika wird seit Generationen von den Waldvölkern benutzt. 1960 wurden seine Eigenschaften endlich wissenschaftlich untersucht. Damals starben vier von fünf Kindern, die an Leukämie litten; heute überlebt die gleiche Anzahl mit Hilfe von Wirkstoffen, die aus dem Roten Immergrün gewonnen werden.

Es gibt viele andere Beispiele. Chinin, das erste wirksame und häufig verwendete Mittel gegen Malaria, wird aus der Rinde des südamerikanischen Cinchona-Baums gewonnen. Es wird jetzt weitgehend durch synthetische Mittel ersetzt, aber seitdem die Malaria-Parasiten eine zunehmende Resistenz gegenüber dieser Behandlung zu entwickeln beginnen, haben die Wissenschaftler ihr Interesse für den „Fieberrinden"-Baum wieder entdeckt. Die Antibabypille verdankt ihre Wirkstoffe einer mexikanischen Yamswurzel. Viele andere natürliche empfängnisverhütende (und Abtreibungs-) Mittel werden von den Waldvölkern benutzt. Curare, ein Gift, mit dem die Indianer Amazoniens ihre Pfeilspitzen bestreichen, bildet die Basis für ein Muskelrelaxans, das häufig in der Chirurgie Verwendung findet. Das Herzglucosid der afrikanischen Strophantus-Samen, das ebenfalls als Pfeilgift verwendet wird, ist ein Stimulans, das jetzt bei der Behandlung von Herzerkrankungen angewendet wird.

Die Liste ließe sich weiter fortführen, aber entscheidend ist, daß Pflanzen, insbesondere die Pflanzen des Regenwalds, die Ausgangsstoffe für eine ganze Reihe von Chemikalien liefern. Ihr unerforschtes Potential birgt Möglichkeiten für eine noch größere Anzahl von Medikamenten, ganz zu schweigen von anderen nützlichen Substanzen – Nahrungsmitteln, Duftstoffen, Insektiziden, Farben, Wachsen, Brennstoffen, Ölen und so weiter. Die Menschen des Waldes kennen ihre Eigenschaften besser als jeder andere; aber mit jedem Hektar Waldland, der zerstört wird, verringern sich die Möglichkeiten für weitere Entdeckungen. Das liegt zum Teil daran, daß die Pflanzen selbst verschwinden – man hat geschätzt, daß alle halbe Stunde eine Pflanzen- oder eine Tierart durch Raubbau an der Umwelt ausstirbt –, aber auch, und in entscheidendem Maße, daran, daß die seit Generationen erworbenen und nie niedergeschriebenen Kenntnisse der Waldvölker verlorengehen. Die Waldvölker verlieren ihre Kenntnisse mit ihrer Kultur, und sie verlieren ihre Kultur vor allem deshalb, weil die Grundlage dieser Kultur, der Wald, verschwindet.

Doch für die Völker des Waldes steht viel mehr auf dem Spiel als der Verlust von Kenntnissen: Die Verwüstung ihrer Heimat ist oft gleichbedeutend mit dem Untergang des ganzen Stammes. Seit der Jahrhundertwende ist allein in Brasilien jedes Jahr ein Stamm ausgestorben.

Erst seit Anfang dieses Jahrhunderts sind andere Menschen in großer Zahl in den Regenwäldern aufgetaucht. Aber sie zerstören sie mit einer solchen Geschwindigkeit, daß bei Beibehaltung dieses Tempos in 40 Jahren nur noch isolierte Waldgebiete übrig sein werden. Die alteingesessenen Waldbewohner müssen hilflos zusehen, wie ihr Land abgeholzt und ausgeplündert wird, wie es bis auf den Erdboden niedergebrannt wird, um den Weg für riesige Entwicklungsprogramme freizumachen oder um Viehfarmen anzulegen, damit wir im Westen billigere Hamburger essen können. Ironischerweise werden jetzt auch riesige Waldgebiete von Millionen von Menschen zerstört, die auf das Land genauso angewiesen sind wie die Stammesvölker, die aber durch Übervölkerung, die Vernichtung ihrer eigenen angestammten Umwelt oder durch politischen Druck dazu getrieben wurden, angeblich unberührte Landstriche zu besiedeln. Wie die Yanomami brennen diese Menschen Waldgebiete ab, um sie landwirtschaftlich zu nutzen; aber diese Methode erweist sich angesichts ihrer großen Zahl und ihrer Bedürfnisse als völlig ungeeignet. Die Folge sind unfruchtbare Territorien, in denen die Menschen Hunger leiden.

Überall wird die sorgfältig ausgewogene und der Umwelt angepaßte Lebensweise der Waldvölker, die sich im Laufe von Jahrhunderten entwickelt und verfeinert hat, auf das empfindlichste gestört. In Borneo, um nur ein Beispiel zu nennen, wird die Existenzgrundlage der seßhaften, in Langhäusern an den großen Flüssen im Inneren des Landes lebenden Stämme durch Abholzen der Wälder vernichtet. Sobald die Bäume einmal gefällt sind, wird der Boden weggespült. Die Flüsse verschlammen, die Fische sterben, und die Waldbewohner sehen sich gezwungen, ihre Heimat zu verlassen und in die Küstenstädte zu ziehen, wo sie bald zu einem sozialen Problem werden.

Auch die Penan, die ihre Umwelt so pfleglich behandeln, werden von den Bulldozern der Holzfäller aus ihrem Land vertrieben. Wenn sie mit den Mitteln des passiven Widerstands protestieren und Menschenketten bilden, um die Straßen zu blockieren, die in ihre letzten Refugien vorstoßen, werden sie verhaftet. Wie allen Nomaden fällt es ihnen schwer, sich an einem Ort anzusiedeln; und doch ist das vorgeschlagen worden, um sie für den Verlust der großen Räume zu entschädigen, die einst ihnen gehörten.

In Afrika, das bereits so viele seiner Regenwälder verloren hat, sieht es kaum besser aus. Forstwirtschaftlich genutzte Straßen schneiden durch das Grün; große Bäume wie der Mahagoni werden gefällt und reißen im Fallen andere mit sich. Obgleich einige Baka-Gruppen von der Zerstörung noch nicht berührt sind, verschwindet das Land um sie herum. Wenn es einmal ganz dem Raubbau zum Opfer gefallen ist, wird ihre Kultur folgen. Das ist bereits mit anderen Pygmäen-Gruppen in Zentralafrika geschehen. Bemerkenswert ist dabei, daß die Pygmäen vielerorts von den Holzfirmen für einen Hungerlohn beschäftigt werden und somit selbst dazu beitragen, ihr eigenes Land zu vernichten und mit ihm das Wild, die Fische und Pflanzen, die sie für Jahrtausende ernährt hätten.

Vielleicht den schlimmsten Angriffen sind die Yanomami ausgesetzt. Im Herzland ihres Territoriums hat man Gold und Uran gefunden, und seitdem ist das Gebiet von 50 000 Brasilianern in Beschlag genommen worden, die selbst obdachlos und auf der Suche nach einem Lebensunterhalt waren. Sie haben Gewehre, Krankheiten und Zerstörung mit sich gebracht. Das zur Goldgewinnung benutzte Quecksilber verschmutzt die Flüsse, tötet die Fische und macht das Wasser ungenießbar. Slumstädte entstehen, und die Indianer, die immer stolz auf ihre Territorien waren, werden in die Minderheit gedrängt. Ja, viele von ihnen haben bereits durch wirksame – freilich inoffizielle – Ausrottungsprogramme ihr Leben verloren: Sie sind erschossen, mit Bomben belegt und vergiftet worden, wenn sie nicht absichtlich eingeschleppten Krankheiten zum Opfer gefallen sind, denen gegenüber sie nicht resistent waren.

Nach der offiziellen Lesart stehen viele Gebiete ihres Landes unter dem Schutz der Regierung, aber in Wirklichkeit haben Korruption und wirtschaftliche Interessen dafür gesorgt, daß fast nichts geschieht, um das Los „der paar Indianer" zu verbessern.

Ironischerweise ist das Leben der Menschen, die im eigentlichen Wortsinn keine „traditionellen" Waldbewohner sind, aber dennoch ihre Umwelt genutzt haben, ohne sie für Generationen zu zerstören, noch stärker bedroht als das der einheimischen Bevölkerung. Die Kautschuksammler Brasiliens – die *seringueiros* – fügen den wildwachsenden Bäumen, die ihnen ihr Einkommen sichern und eines der wichtigsten Produkte der industrialisierten Welt liefern, keinen Schaden zu. Aber jetzt stehen diese Menschen kurzsichtigen Politikern und Bodenspekulanten im Weg, die es für fortschrittlich halten, die Wälder niederzubrennen, um Platz für Viehfarmen zu schaffen. Viele *seringueiros* sind bei den Auseinandersetzungen getötet worden, so ihr charismatischer Führer Chico Mendes, der einen von den Vereinten Nationen gestifteten Umweltpreis, den UNEP Global 500 Award, erhielt, bevor er 1988 ermordet wurde.

Wer ist schuld an der ganzen Misere? Es ist schwer, diese Frage zu beantworten. Die meisten Regenwald-Länder sind hoch im Ausland verschuldet und daher an Devisen interessiert. Oft betrachten die Regierungen dieser Länder ihre eingeborenen Stämme als Wilde, die den Fortschritt nur hemmen, und die Regenwälder als Ressourcen, über die sie nach eigenem Gutdünken verfügen können.

Doch wie steht es mit dem Druck, der von den westlichen Banken ausgeübt wird, die Darlehen gegeben haben? Und was ist mit ausländischen Investitionen, die nur dazu dienen, die Regenwälder auszubeuten? Und was haben die westlichen Länder selbst vorzuweisen – wir, die wir unsere eigenen Wälder schon vor langer Zeit zerstört haben?

Jetzt endlich beginnt allmählich die Einsicht zu dämmern, daß die Zerstörung der Regenwälder nicht nur lokale, sondern weltweite Auswirkungen hat. Daß die durch diese Zerstörung erzielten Gewinne kurzfristig und häufig ohnehin illusorisch sind. Und daß der wahre Schlüssel zu einer ökonomisch gesunden Zukunft für die von Problemen geplagten tropischen Länder nicht darin liegen kann, die Umwelt einfach auszuplündern, sondern im Gegenteil darin, sie richtig zu nutzen und zu verwalten. Ja, die Erkenntnis beginnt sich durchzusetzen, daß diese uralten Wälder mit ihren vielen Bodenschätzen und anderen Ressourcen vielleicht der kostbarste Besitz jener Länder sind.

Es wäre nur vernünftig, bei der Nutzung dieser Ressourcen die Menschen zu konsultieren, die dort seit Jahrtausenden leben und die sie soviel besser kennen als wir – wie selbst die besten unserer Ökologen sofort zugeben werden. Um die Schätze des Waldes zu nutzen, ohne diesen zu zerstören, brauchen wir die Hilfe von Fachleuten. Das allein ist Grund genug, ihr Leben und ihr Land zu schützen – ganz zu schweigen von der moralischen Verantwortung, die wir unseren Mitmenschen gegenüber tragen.

Die Zeit drängt. Ein radikales und weltweites Umdenken ist nötig, wenn wir der Zerstörung der Regenwälder Einhalt gebieten wollen. Ein solches Umdenken ist in unserer aller Interesse, und was wäre ein besserer Anfang, als der Botschaft zu folgen, die alle Waldvölker verkünden. Von den beiden Amerikas bis nach Afrika und Südostasien teilen sie dieselbe Überzeugung: „Wir gehören dem Land", sagen sie. „Das Land gehört nicht uns.

---

200 Alime, vierjähriger Baka-Pygmäe, Kamerun

(Lisa Silcock/Dja River Films)

Seit dem Tag, an dem er geboren wurde, ist die einzige Welt, die dieser kleine Junge je gesehen hat, die des Waldes gewesen, wo die Sonne nicht am Horizont untergeht, sondern über den Baumkronen verschwindet, und wo eine Straße ein schmaler Pfad ist, der sich durch die Baumstämme windet. Seine Heimstatt versieht ihn mit allem, was er zum Leben braucht: Seine Eltern bringen ihm Nahrung aus dem Wald und behandeln ihn mit Heilkräutern, wenn er krank ist. Sein Haus ist eine mit Blättern gedeckte Hütte. Wenn er aufwächst, wird er alles über den Wald lernen, was auch schon die Baka-Jungen vor ihm gelernt haben. Aber wird seine Welt noch die sein, die seine Vorfahren kannten, oder sieht er einer ganz anderen Zukunft entgegen?

201

201 Orang-Asli-Dorf, Halbinsel Malaysia (Neil Gale)

202 Baka-Pygmäen-Dorf, Kamerun (Phil Agland/Dja River Films)

203 Oroko-Dorf, Kamerun (Edward Parker/Hutchison Library)

Seit sie die Regenwälder vor Tausenden von Jahren besiedelten, haben die Menschen Mittel und Wege gefunden, ihrer Umwelt alles, was sie benötigen, zu entnehmen. Aber da sie erkannten, daß diese Umwelt ihre Existenzgrundlage bildet, haben sie gelernt, sie zu nutzen, ohne ihr zu schaden. Selbst diese Rodungen, die sie angelegt haben, um ihre Dörfer zu bauen, sind so klein, daß sie schnell wieder von den Bäumen in Anspruch genommen werden können, wenn ihre Bewohner in einigen Jahren zu einer anderen Stätte ziehen. Wir könnten viel über die konservierende Nutzung der Umwelt von diesen Menschen lernen, wenn wir ihnen nur gestatten würden, in ihrer angestammten Heimat zu überleben.

202

203

204 Yanomami-Indianer, Brasilien

(Robin Hanbury-Tenison/Robert Harding Picture Library)

Regenwald-Gemeinschaften sind in der Regel klein, um sicherzustellen, daß die relativ kargen Ressourcen des Waldes für alle reichen und daß die Schäden, die jede Gruppe anrichtet, sich in engen Grenzen halten. Ganze Dörfer bestehen häufig nur aus einem einzigen großen Familienverband – ein Umstand, der die Harmonie zwischen den Individuen fördert. Das ist wichtig, weil viele dieser Gesellschaften auf verläßliche Kooperation zwischen ihren Mitgliedern angewiesen sind. Notwendige Arbeiten, wie Jagen, Sammeln und Nahrungszubereitung, werden gewöhnlich auf alle verteilt, was sowohl den Gemeinschaftsgeist stärkt als auch den Arbeiten selbst zugute kommt.

205

205 Yanomami-Schamane bei der Zubereitung einer halluzinogenen Droge, Brasilien (Robin Hanbury-Tenison/Robert Harding Picture Library)
Die meisten traditionellen Regenwald-Völker können Tausende nützlicher Pflanzen identifizieren, von denen viele für medizinische oder rituelle Zwecke verwendet werden. Der Schamane, der mystische Heiler der Indianer-Gesellschaften, bereitet hier aus der Rinde des Virola-Baumes eine halluzinogene Droge, die ihn in die Lage versetzen wird, mit der Geisterwelt der Yanomami zu kommunizieren. Wahrscheinlich könnten sich derartige Drogen auch als nützlich erweisen, um psychische oder streßbedingte Erkrankungen zu heilen.
Aber bis vor kurzem ist den Heilmitteln der Naturvölker so geringe Aufmerksamkeit geschenkt worden, daß nur wenige von ihnen wissenschaftlich erforscht worden sind. Einige von ihnen werden jetzt im Westen benutzt und haben schon Leben gerettet. Die Kenntnisse der Waldvölker könnten uns helfen, zahllose weitere Medikamente aus Quellen zu entwickeln, die dem Rest der Welt noch unbekannt sind.

206

206 **Heilen durch Feuer bei den Baka Pygmäen, Kamerun** (Lisa Silcock/Dja River Films)

207

207 **Mutter und Vater betrauern einen toten Sohn, Papua-Neuguinea** (Maureen Mackenzie/Robert Harding Picture Library)

Der Zusammenhang zwischen dem Körperlichen, dem Seelischen und dem Geistigen ist in den Gesellschaften der Naturvölker wesentlich tiefer als in unseren eigenen. Krankheiten werden oft bösen Geistern oder bösen Gedanken zugeschrieben – daher der Gebrauch von Magie und besonderen Ritualen, wie bei der Feuer-Zeremonie (206), um Heilungen herbeizuführen. Das Bewußtsein der Welt der Geister ist äußerst wichtig: Ein Tod wird häufig von Trauer-Zeremonien begleitet, die dazu dienen, den Geist des Verstorbenen zu besänftigen, damit er in Frieden ruht und die Lebenden nicht heimsucht.

208

208 Yanomami-Frauen beim Holzsammeln

(Robin Hanbury-Tenison/Robert Harding Picture Library)

Die Aufgabe, Feuerholz zu sammeln, scheint nicht sehr schwierig zu sein, wenn man von Bäumen umgeben ist. Aber selbst bei solchen einfachen Arbeiten sind – wie bei allen Tätigkeiten im Regenwald – Spezialkenntnisse erforderlich, die von Kindesbeinen an erlernt werden. Einige Hölzer brennen die ganze Nacht hindurch, andere flackern nur auf und erlöschen schnell wieder, während feuchtes und frisches Holz überhaupt nicht brennt.

209

210

209 Auf der Suche nach Honig, Kamerun (Lisa Silcock/Dja River Films)

210 Eingebrachter wilder Honig, Kamerun (Lisa Silcock/Dja River Films)
Für die Baka-Pygmäen Kameruns ist Honig das begehrteste Nahrungsmittel überhaupt. Sie sammeln ihn von 17 verschiedenen Bienenarten, indem sie eine Vielzahl von Techniken verwenden. Die afrikanische Honigbiene nistet hoch oben im Blätterdach. Ein geschickter Honigsammler klettert nur mit Hilfe eines aus Lianen gefertigten Gürtels dem Stamm hoch (209), um die goldenen Waben zu erreichen (210). Die Ausbeute ist das Risiko wert, denn die Nester enthalten während der Hauptblütezeit des Waldes oft neun Kilogramm Honig.

211

211 Baka-Frauen in einer Plantage, Kamerun

(Lisa Silcock/Dja River Films)

Obgleich sie ursprünglich rein nomadische Jäger und Sammler waren, führen die Baka wahrscheinlich schon seit mehreren Jahrhunderten eine halb seßhafte Lebensweise und ergänzen ihre Nahrung durch Lebensmittel aus angebauten Pflanzen. Stärkehaltige Nahrungsmittel sind sehr selten im Wald zu finden, so sind kohlehydratreiche Früchte und Wurzeln wie Plantainbananen und Maniok äußerst begehrt. Die Baka erhalten diese Nahrungsmittel oft im Austausch gegen einen Tag Arbeit von den Bewohnern nahe gelegener Dörfer. Einige Baka-Stämme sind jetzt jedoch dazu übergegangen, eigene Plantagen anzupflanzen, um sich von ihren Nachbarn unabhängig zu machen.

212 Yanomami in einer Plantage, Brasilien

(Peter Frey/Survival International)

Die Yanomami jagen und sammeln Waldprodukte, aber sie bestellen auch in kleinem Maßstab Land: Sie roden eng begrenzte Gebiete im Wald, um „Gärten" anzulegen, die sie u. a. mit Plantainbananen, Maniok, Pfirsichpalmen (Guilielma), Papaya-Bäumen, Zuckerrohr und Mais bepflanzen. Sie kultivieren auch Pflanzen, die nicht zur Nahrung bestimmt sind, wie Baumwolle, Heilkräuter, Giftpflanzen und andere, aus denen sie Taue und Pfeile herstellen. Sie unternehmen keinen Versuch, einer Verwilderung dieser Gärten entgegenzuwirken, die durch die Samen der angrenzenden Bäume bald wieder kolonisiert werden und dem Ökosystem des Waldes nicht schaden.

212

213 Baka bei der Zubereitung von Pfeilgift, Kamerun

(Lisa Silcock/Dja River Films)

Überall in der Welt verwenden die Menschen der Regenwälder Pflanzengifte bei der Jagd, indem sie oft dieselben Bestandteile benutzen, die die Pflanze entwickelt hat, um sich gegen Räuber zu schützen. Die Baka vermengen die zerstoßenen Samen der Strophantus-Liane mit anderen Pflanzen, um mit der Mischung ihre Pfeilspitzen zu bestreichen. Die zu den Hundsgiftgewächsen gehörende Liane enthält Strophantin, ein starkes Gift, das in der westlichen Medizin zur Behandlung von Herzerkrankungen eingesetzt wird.

213

214 Penan-Jäger mit einem Blasrohr, Borneo

(C. und B. Leimbach/Robert Harding Picture Library)

Die Treffsicherheit der Blasrohr-Jäger ist oft dokumentiert worden, aber die Kraft des Pfeils allein würde nicht ausreichen, um größere Tiere zu erlegen. Wenn dieser Pfeil jedoch vergiftet ist, genügt die leichteste Verletzung, um sie zu töten. Vor allem Affen werden auf diese Weise gejagt: Das Gift dringt in den Blutstrom ein und stoppt in wenigen Minuten die Herztätigkeit.

214

215

215 Indianer mit erlegten Affen, Ecuador

(John Wright/Hutchison Library)

Pfeilgifte haben die Eigenschaft, völlig wirkungslos zu bleiben, wenn sie mit dem Mund aufgenommen werden; so kann man das Fleisch getöteter Tiere gefahrlos essen. Die Menschen des Regenwalds haben ihre Kenntnisse der pflanzlichen Wirkstoffe im Laufe einer langen Zeit gesammelt – Kenntnisse, die äußerst wertvoll sind und selbst die kurzsichtigsten Politiker veranlassen müßten, den Regenwald zu schützen.

216

217

216 Baka-Familie bei der Verteilung von Wild, Kamerun
(Lisa Silcock/Dja River Films)
Fleisch wird von allen Jägern und Sammlern hoch geschätzt und gegenüber pflanzlicher Nahrung bevorzugt. Die Baka jagen nicht nur mit vergifteten Pfeilen, sondern verwenden auch lange Speere und stellen Fallen – eine Technik, die sie freilich von anderen Völkern übernommen haben. Sie sind äußerst geschickt im Spurenlesen und können jedes Tier identifzieren, das sie verfolgen.

218

217 Rösten von Yamswurzeln, Papua-Neuguinea
(Jack Fields/ZEFA)
Yamswurzeln sind das wichtigste stärkehaltige Nahrungsmittel, das in der Wildnis zu finden ist. Die Wurzeln schmecken besser als jedes angebaute Produkt, sind jedoch wesentlich schwerer zu beschaffen.

218 Eßbare Käferlarven, Kamerun (Lisa Silcock/Dja River Films)
Erstaunlicherweise ist proteinreiche Nahrung im Wald nicht immer leicht zu finden. Zu bestimmten Zeiten des Jahres gibt es wenig Wild, und die Zahl der Fische, Krebse und Krabben nimmt ab. Dann bieten eßbare Raupen und Käfer eine Alternative, die uns abstoßend erscheinen mag, aber sehr nahrhaft ist.

219

220

219 Frau mit traditioneller Gesichtsbemalung, Papua-Neuguinea (Mike McCoy/OSF)

220 Auftragen der Gesichtsbemalung, Papua-Neuguinea (Maureen Mackenzie/Robert Harding Picture Library)

221 Kind mit ritueller Gesichtsbemalung, Papua-Neuguinea

(Maureen Mackenzie/Robert Harding Picture Library)

Alle Völker der Welt verwenden Körper- und Gesichtsschmuck, aber die Bewohner Papua-Neuguineas sind Meister dieser Kunst. Diese komplizierten Muster, die sowohl Elemente des Geisterglaubens als auch Bezüge zur Naturwelt aufweisen, dienen jedoch nicht nur der äußeren Wirkung, sondern sind in hohem Grade ritualisiert und unterliegen strikten Regeln, die wie die reichen Kenntnisse der Waldvölker nicht niedergeschrieben, sondern mündlich und durch Beispiel von Generation zu Generation überliefert werden. Das macht sie so verwundbar, denn derartige Kenntnisse können allzu leicht aus der Welt verschwinden, wenn sie auf solchem Wege und vor allem nur innerhalb einer mißachteten Minderheit weitergereicht werden. Tausende und Abertausende von Waldmenschen haben bereits ihr Land und ihre kulturelle Identität eingebüßt, und damit ist auch ihr in Jahrhunderten angesammeltes Wissen verlorengegangen. Diese Menschen sollten nicht nur aus Mitleid geschützt werden, sondern auch um der Zukunft willen. Denn die Menschen des Waldes bewahren vielleicht den Schlüssel für eine andere und bessere Welt.

221

Schlußwort

Gefährdete Zukunft

Roger Hammond

Millionen von Jahren sind die Regenwälder der Welt relativ ungestört sich selbst überlassen geblieben. Ihre Myriaden von Pflanzen und Tieren haben sich entwickelt, indem sie sich sowohl ihrer Umwelt als auch einander anpaßten, und Generationen von Menschen haben dadurch im Regenwald überlebt, daß sie lernten, sich auf ihre Umwelt einzustellen.

Im Laufe des letzten Jahrhunderts ist eine andere Kultur in den Regenwald eingedrungen – eine Kultur, die ihren Antrieb einem gefährlichen Kreislauf von Wachstum und Expansion verdankt. Natürliche Sicherungssysteme zur Verhinderung einer Ausbeutung der Natur sind außer Kraft gesetzt worden, da diejenigen, die jetzt die Produkte des Waldes verzehren, nicht die gleichen sind wie die, die unmittelbar unter dem Raubbau leiden. Es gibt jedoch Millionen von ihnen, und wir wissen heute, daß in kurzer Zeit das Verschwinden der Regenwälder das Leben von mehr als einer Milliarde Menschen bedrohen wird, deren Wasserressourcen austrocknen und deren Land sich in Staub verwandelt. Auf längere Sicht gesehen, wird diese Zerstörung das Klima auf der Erde und damit die Geschichte des Planeten verändern.

Der Druck, der auf die noch bestehenden Wälder ausgeübt wird, ist beträchtlich, und es wäre töricht zu erwarten, daß alle noch übriggebliebenen Wälder geschützt werden können. Wenn Umweltorganisationen mit den Regierungen zusammenarbeiten, um Nationalparks und Schutzgebiete einzurichten, müssen auch die wirtschaftlichen Kräfte berücksichtigt werden, die Menschen und Institutionen veranlassen, Raubbau mit den Wäldern zu treiben.

Prinzipiell läßt sich viel tun, um das notwendige Einkommen zu verdienen, ohne die Regenwälder zu vernichten. Farmer müssen lernen, das Land auf neue und produktivere Weise zu nutzen; und wenn das Anwachsen der Bevölkerung gebremst werden kann, entsteht vielleicht ein stabiles Waldsystem. Tropische Plantagen können durch eine Verbindung zwischen Land- und Forstwirtschaft rationalisiert werden, so daß sie sowohl vom ökonomischen als auch vom ökologischen Standpunkt aus befriedigende Ergebnisse erzielen. Kombinationen bestimmter Arten können gepflanzt werden, die anhaltend höhere Einkommen sichern. Die Forstwirtschaft läßt sich dahingehend reformieren, daß Bäume nur unter Berücksichtigung der entsprechenden Wachstumsbedingungen und der Regenerationsrate gefällt werden. Auch läßt sich – über die Holzgewinnung hinaus – an eine Nutzung des Waldes durch die Entwicklung natürlicher Reserven denken. Reserven für genetische Ressourcen könnten beispielsweise durch Abgaben auf bestehende Waldprodukte finanziert werden.

Kapital und Know-how sind nötig, um Systeme einer integrierten Landnutzung zu fördern – Systeme, die sowohl das Einkommen einzelner als auch das der Regierungen von Ländern verbessern werden, die noch intakte Regenwälder besitzen.

Heute, da wir in die letzte Dekade des 20. Jahrhunderts eintreten, haben wir einen Wendepunkt erreicht: Wir können uns nicht mehr damit entschuldigen, nichts zu wissen. Wir müssen uns jetzt entscheiden, welchen Belastungen wir unsere Umwelt weiterhin aussetzen wollen. Das sind Entscheidungen, die sich auf die kommenden Jahre auswirken werden. Wollen wir den endgültigen Verlust von einer Million Arten oder mehr in Kauf nehmen? Wollen wir es riskieren, daß unser Klima durch unseren offensichtlich unersättlichen Energiebedarf verändert wird? Am Anfang dieses Jahrhunderts sagte Albert Einstein, daß Gott nicht mit dem Universum Würfel spielt. Sind wir jetzt, gegen Ende dieses Jahrhunderts, bereit, die Erde zu verspielen?

Verdorrtes und unfruchtbares Land – das Ergebnis von Raubbau in einem ehemaligen Regenwald

(Steve Bowles)

The Living Earth Foundation

Living Earth ist eine von mehreren Organisationen, die auf internationaler Ebene arbeiten, um eine Veränderung herbeizuführen. Der Mensch hat die einzigartige Fähigkeit, in die Zukunft schauen zu können. Unsere Regierungen müssen lernen, sich für diese Zukunft verantwortlich zu fühlen, wie auch der einzelne lernen muß, Verantwortung für künftige Generationen zu tragen.

Durch den Kauf dieses Buches haben Sie dazu beigetragen, unsere Arbeit in Westafrika zu finanzieren, besonders die Arbeit an einem Erziehungsprogramm in Kamerun, das u. a. durch die mit diesem Buch gewonnenen Tantiemen finanziert wird. Der Regenwald in Kamerun ist – wie alle Regenwälder – gefährdet, aber die dortige Regierung hat die Hilfe der Living Earth Foundation für ein Erziehungsprogramm angenommen, das einer jetzt heranwachsenden Generation helfen soll, mehr über ihr Erbe zu erfahren und Mittel und Wege zu entwickeln, um die Zukunft ihres Waldes zu sichern.

Die Hälfte der Gelder für dieses Projekt ist von der Overseas Development Administration der britischen Regierung zur Verfügung gestellt worden. Die Freigabe dieser Gelder ist an die Bedingung geknüpft, daß Living Earth den gleichen Betrag aufbringt – sei es durch Schenkungen seitens der Öffentlichkeit, sei es durch Partnerschaften auf geschäftlichem Sektor. Wenn Sie mehr über die Arbeit von Living Earth erfahren wollen, erhalten Sie weiteres Informationsmaterial von unserem Büro in Großbritannien.

Living Earth Foundation
Registered charity number 800672

Organisationen für die Rettung tropischer Regenwälder

Die folgenden Organisationen haben sich die Erhaltung und den Schutz der Regenwälder zum Ziel gesetzt. Sie arbeiten auf lokaler, nationaler und internationaler Ebene und sind in der Forschung, Erziehung und auf einer Vielzahl anderer Gebiete tätig, um das Problembewußtsein der Menschen in aller Welt zu schärfen.

ACTION FOR ENVIRONMENT
PO Box 10-030
Wellington
New Zealand

THE ARK TRUST
500 Harrow Road
London W9 3QA
England

AUSTRALIAN CONSERVATION FOUNDATION
672b Glenferrie Road
Hawthorn Vic 3122
Australia

CAMPAIGN TO SAVE NATIVE FORESTS
794 Hay Street
Perth W.A. 6000
Australia

COMPANIA NACIONAL DE REFORESTACION (CONARE)
Apartado Postal 17015
El Conde
Caracas 1010A
Venezuela

CONSERVATION COUNCIL OF VICTORIA
247 Flinders Lane
Melbourne Vic 3000
Australia

CONSERVATION FOUNDATION
1 Kensington Gore
London SW7 2AR
England

CONSERVATION FOUNDATION
1250 24th Street N.W.
Suite 500
Washington D.C.
20037
United States of America

CONSERVATION INTERNATIONAL
1015 18th St. N.W.
Suite 1002
Washington D.C. 20005
United States of America

CONSERVATION NEW ZEALAND
PO Box 12.200
Wellington
New Zealand

DEPARTMENT OF CONSERVATION
PO Box 10-420
Wellington
New Zealand

EARTHWATCH (EUROPE)
P.O. Box 392
Headington
Oxford
OX2 0UE

ENVIRONMENT & CONSERVATION ORGANISATION OF NEW ZEALAND INC.
PO Box 11.057
Wellington
New Zealand

ENVIRONMENTAL DEFENCE FUND
1616 P Street N.W.
Suite 150
Washington D.C.
20036
United States of America

FAUNA AND FLORA PRESERVATION SOCIETY
79-83 North Street
Brighton
Sussex
BN 12A
England

FOREST RESEARCH INSTITUTE
P.O. Box 201
52109 Kuala Lumpa
Malaysia

FRIENDS OF THE EARTH
4th floor
56 Foster Street
Surrey Hills
NSW 2010
Australia

FRIENDS OF THE EARTH (INTERNATIONAL)
530 Seventh Street S.E.
Washington D.C.
20003
United States of America

FRIENDS OF THE EARTH (NZ)
PO Box 39-065
Auckland West
New Zealand

FRIENDS OF THE EARTH (UK)
26-28 Underwood Street
London N1 7JQ
England

GAIA FOUNDATION
18 Well Walk
London NW3 1LD
England

GLOBAL TOMORROW COALITION
1325 G Street, N.W.
Suite 915
Washington D.C. 20036
United States of America

GREENING AUSTRALIA
Block D. Acton House
Cnr Marcus Clarke Street &
Edingburgh Avenue
Acton Act 2600
Australia

INTERNATIONAL INSTITUTE FOR ENVIRONMENT AND DEVELOPMENT (IIED)
3 Endleigh Street
London WC1H 6DD
England

INTERNATIONAL INSTITUTE FOR ENVIRONMENT AND DEVELOPMENT (IIED)
1717 Massachusetts Avenue NW
Washington D.C. 20036
United States of America

INTERNATIONAL UNION FOR THE CONSERVATION OF NATURE AND NATURAL RESOURCES
Avenue Mont Blanc
1195 Gland
Switzerland

LIVING EARTH
10 Upper Grosvenor Street
London W1X 9PA
England

MEN OF THE TREES
New South Wales
11 Pebbly Hill Road
Cattai NSW 2756
Australia

NATIONAL AUDUBON SOCIETY
645 Pennsylvania Avenue
SE
Washington D.C. 20003
United States of America

NATIONAL EXECUTIVE OF ACCLIMATISATION SOCIETY
PO Box 22-021
Wellington
New Zealand

NATIONAL PARKS ASSOCIATION OF NSW
13th floor,
500 George Street
Sydney NSW 2000
Australia

NATIONAL WILDLIFE FEDERATION
1412 16th Street NW
Washington D.C. 20003
United States of America

NATURAL RESOURCES DEFENCE COUNCIL
1350 New York Avenue NW
Washington D.C. 20005
United States of America

NATURE CONSERVATION COUNCIL OF NSW
39 George Street
Sydney NSW 2000
Australia

NATURE CONSERVANCY
1800 North Kent Street
Arlington
Virginia 22209
United States of America

NEW ZEALAND ASSOCIATION FOR ENVIRONMENTAL EDUCATION
Mrs Barbara Spurr
"Ivy Cottage"
Ashley Street
Rangiora
New Zealand

NEW ZEALAND ECOLOGICAL SOCIETY
PO Box 25-178
Christchurch
New Zealand

NEW ZEALAND GEOGRAPHICAL SOCIETY
Department of Geography
University of Canterbury
Private Bag
Christchurch
New Zealand

NEW ZEALAND INSTITUTE OF FORESTRY
PO Box 12-314
Thorndon
Wellington
New Zealand

NEW ZEALAND LAND, DRAINAGE & RIVER BOARDS ASSOCIATION
PO Box 246
Hamilton
Wellington
New Zealand

RAINFOREST ACTION NETWORK
300 Broadway
Suite 28
San Francisco
California 94009
United States of America

RAINFOREST ALLIANCE
295 Madison Avenue
Suite 1804
New York
New York 10017
United States of America

RAINFOREST CONSERVATION SOCIETY INC.
19 Colorado Avenue
Bardon Qld 4065
Australia

RAINFOREST FOUNDATION (FOUNDACAO MATA VIRGEN)
38 Riverview Road
Avalon NSW 2107
Australia

RAINFOREST FOUNDATION (FUNDACAO MATA VIRGEN)
5 Fitzroy Lodge, The Grove
Highgate
London N6 5JU
England

RAINFOREST FOUNDATION (DUNDACAO MATA VIRGEN)
PO Box 1167 Venice
California 90294
United States of America

RAINFOREST INFORMATION CENTRE
7 Wotherspoon Street
Lismore NSW 2480
Australia

ROYAL FOREST AND BIRD PROTECTION SOCIETY OF NEW ZEALAND INC.
PO Box 631 Wellington
New Zealand

SAVE THE TREES CAMPAIGN
71 Murphy Road
Zillmere QLD 4034
Australia

SIERRA CLUB
730 Polk Street
San Francisco California 94009
United States of America

SITES/SMITHSONIA INSTITUTE
110 Jefferson Avenue SW
Washington D.C. 20560
United States of America

SURVIVAL INTERNATIONAL
310 Edgware Road
London W2 1DY
England

TOTAL ENVIRONMENT CENTRE INCORPORATED
3rd Floor, Argyle Centre
18 Argyle Street
Sydney NSW 2000
Australia

TROPICAL ECOSYSTEM RESEARCH AND RESCUE ALLIANCE
Terra International
Washington D.C. 20036
United States of America

THE WILDERNESS SOCIETY
130 Davey Street
Hobart TAS 7000
Tasmania

WORLD RESOURCES INSTITUTE
1735 New York Avenie NW
Washington D.C. 20006
United States of America

WWF AUSTRALIA
Level 17
St Martins Tower
31 Market Street
Sydney NSW 2000
Australia

WWF CANADA
60 St Clair Avenue East
Suite 201
Toronto, Ontario M4T 1N5
Canada

WWF INTERNATIONAL
Avenue du Mont-Blanc
1196 Gland
Switzerland

WWF MALAYSIA
P.O. Box 10769
50724 Kuala Lumpa
Malaysia

WWF NEW ZEALAND
35 Taranaki Street
P.O. Box 6237
Wellington
New Zealand

WWF SOUTH AFRICA
P.O. Box 456
Stellenbosch 7600
South Africa

WWF UNITED KINGDOM
Panda House
Weyside Park, Godalming
Surrey GU7 1XR
England

WWF UNITED STATES
1250 24th Street NW
Washington D.C. 20037
United States of America

Danksagungen

Die Herausgeber danken folgenden Personen und Organisationen für die Erlaubnis, ihre Fotos in diesem Buch zu veröffentlichen:

BRUCE COLEMAN LIMITED
17 Windsor Street
Uxbridge
Middlesex UB8 1AB
UK

SUE CUNNINGHAM
56 Chatham Road
Kingston upon Thames
Surrey KT1 3AA
UK

ELLIS WILDLIFE COLLECTION
69 Cranberry Street
Brooklyn Heights
New York 11201
USA

MICHAEL & PATRICIA FOGDEN
Mid Cambushinnie Cottage
Kinbuck
Dunblane
Perthshire FK15 9JU
Scotland
UK

NICK GORDON
Little Erray
Tobermory
Isle of Mull
Scotland

ROBERT HARDING PICTURE LIBRARY
17A Newman Street
London W1P 3HD
UK

HUTCHINSON LIBRARY
118 Holland Park Avenue
Holland Park
London W11 4UA
UK

LUIZ CLAUDIO MARIGO
Rua Leitao da Cunha 48
302 Laranjeiras
22251 Rio de Janeiro
Brazil

NATURAL HISTORY
NHPA
Little Tye
Ardingly
Sussex RH17 6TB
UK

OXFORD SCIENTIFIC FILMS (OSF)
Long Hanborough
Oxford OX7 2LD
UK

PARTRIDGE FILMS
38 Mill Lane
London NW6 1NR
UK

KEN PRESTON MAFHAM
Premaphotos
2 Willoughby Close
Kings Coughton
Warwicks B49 5QJ
UK

ROYAL GEOGRAPHICAL SOCIETY
1 Kensington Gore
London SW7 2AR
UK

REMOTE SOURCE
13 Chapter Street
London SW1P 4NY
UK

SOUTH AMERICAN PICTURES
48 Station Road, Woodbridge
Suffolk IP12 4AT
UK

SURVIVAL INTERNATIONAL
310 Edgware Road
London W2 1DY
UK

WELDON TRANNIES
Suite 4, 52 Ourimbah Road
Mosman NSW 2088
Australia

Weiblicher grüner Anolis auf einem *Heliconia*-Blatt
(Michael und Patricia Fogden)

Register

Kursiv gesetzte Seitenangaben verweisen auf Abbildungstexte.
Die einzelnen Arten sind unter ihrem Namen aufgeführt.

Die Originalausgabe erschien erstmalig 1989 unter dem Titel
The Rainforest – A Celebration
bei Barrie & Jenkins Ltd., London

ISBN 3-926537-17-5

Konzept: Anne Furniss
Layout: David Fordham
Bildbeschaffung: Helen Gilks
Herstellung: Robert K. Christie

Gedruckt und gebunden in Italien bei Motta, Mailand